高等职业教育新形态系列教材

数控加工项目操作

主　编	张　勇	何瑞达	
副主编	于　澎		
参　编	李小棱	张敬芳	王建军
	何振杰	秦　朋	
主　审	孙志平		

北京理工大学出版社
BEIJING INSTITUTE OF TECHNOLOGY PRESS

内 容 简 介

对于本书编写内容的编排，一切从职业院校学生这一学习主体角度出发，以数控加工项目为任务驱动载体，选用了六个数控车削任务和六个数控铣削任务，采用三阶递进式的教学策略，分为简单、中等和复杂三类，项目的难易程度由浅入深、由易入难。教材中每个任务均从数控加工工艺制定、数控加工程序编制、零件加工设备操作、零件加工质量控制以及零件加工质量检验等五个环节进行任务驱动，每个任务都给出了详细的数控加工工艺制定过程以及数控加工程序编制过程，而且在后续章节对零件加工时的设备操作以及加工质量控制都给出了详尽的操作方法。另外教材为每个任务都录制了整个零件加工过程的视频学习资源，故本书也适用于线上线下混合式教学。

版权专有　侵权必究

图书在版编目（CIP）数据

数控加工项目操作 / 张勇，何瑞达主编． -- 北京：北京理工大学出版社，2022.7（2022.10 重印）
ISBN 978-7-5763-1538-7

Ⅰ．①数… Ⅱ．①张… ②何… Ⅲ．①数控机床 - 操作 Ⅳ．①TG659

中国版本图书馆 CIP 数据核字（2022）第 130748 号

出版发行 / 北京理工大学出版社有限责任公司	
社　　址 / 北京市海淀区中关村南大街 5 号	
邮　　编 / 100081	
电　　话 / （010）68914775（总编室）	
（010）82562903（教材售后服务热线）	
（010）68944723（其他图书服务热线）	
网　　址 / http：//www.bitpress.com.cn	
经　　销 / 全国各地新华书店	
印　　刷 / 涿州市新华印刷有限公司	
开　　本 / 787 毫米 × 1092 毫米　1/16	
印　　张 / 18	责任编辑 / 多海鹏
字　　数 / 380 千字	文案编辑 / 多海鹏
版　　次 / 2022 年 7 月第 1 版　2022 年 10 月第 2 次印刷	责任校对 / 周瑞红
定　　价 / 49.00 元	责任印制 / 李志强

图书出现印装质量问题，请拨打售后服务热线，本社负责调换

前言

  本书作者长期从事高等职业院校数控技术相关专业的教学与研究。研究发现，在数控加工项目教学实施过程中，可以将整个流程分为数控加工工艺制定、数控加工程序编制、零件加工设备操作、零件加工质量控制以及零件加工质量检验五个环节，对于学生来讲每个环节的欠缺都不能高质量、高效率地完成加工。

  对于本书内容的编排，一切从高职院校学生这一学习主体的角度出发，以数控加工项目为任务驱动载体，选用了六个数控车削任务和六个数控铣削任务，采用三阶递进式的教学策略，分为简单、中等和复杂三类，项目的难易程度由浅入深、由易入难。教材中每个任务都给出了详细的数控加工工艺制定过程以及数控加工程序编制过程，而且在后续章节对零件加工时的设备操作以及加工质量控制都给出了详尽的操作方法。另外教材为每个任务都录制了整个零件加工过程的视频学习资源，故本书也适用于线上线下的混合式教学。

  本书内容共分为五个项目，项目1为数控车削加工，该项目包含六个数控车削任务，每两个为一组，共分为三组，零件复杂程度逐渐递增；项目2为数控铣削加工，同样包含六个数控铣削任务，每两个为一组，共分为三组，零件加工的难易程度逐渐增大；项目3为数控机床概述，该项目分别从数控机床的结构组成、数控系统硬件与软件组成以及数控机床面板操作的角度来详细介绍机床的结构原理，并使学习者掌握数控机床面板基本的操作原理与操作方法；项目4为数控车床操作，该项目包含了数控车床在零件加工过程中的全部操作，包括数控机床开关机、数控系统上下电、数控机床回参考点、数控程序输入校验、数控机床对刀原理与操作以及数控车床自动加工时的注意事项和加工质量控制操作；项目5为数控铣床操作，该项目包含了数控铣床零件加工过程中的全部操作，内容框架与项目4大致相同。

  本书由河北机电职业技术学院《数控加工操作项目教程》课程开发小组编写。张勇、何瑞达任本教材的主编，负责教材的统稿和定稿，并编写项目1中的任务1.1；孙志平任教材的主审。另外本教材作者中李小棱编写项目1中的任务1.2至任务1.6，张敬芳编写项目2中的任务2.1～任务2.5；王建军编写了项目2中的任务2.6、项目3、项目4及项目5中的任务5.1～任务5.3，何振杰编写了项目5中的任务5.4～任务5.7，秦朋负责了零件数控加工程序的制定与审核。淄博市基础教育研究院于澎参与前期资料的收集和整理，以及技术支持。

  由于编者水平有限，书中难免有缺憾和欠妥之处，恳请广大师生和读者指正，以便编者不断修改完善。

编　者

目 录

项目1 数控车削加工 ... 1

任务1.1 数控车认知任务——C01零件加工 ... 3
- 1.1.1 零件图样分析 ... 3
- 1.1.2 学生任务分组 ... 4
- 1.1.3 加工过程准备 ... 4
- 1.1.4 加工工艺及程序制定 ... 5
- 1.1.5 零件加工实施方案答辩 ... 10
- 1.1.6 零件加工过程实施 ... 10
- 1.1.7 零件加工质量评价 ... 12
- 1.1.8 任务实施总结与反思 ... 14

任务1.2 数控车认知任务——C02零件加工 ... 16
- 1.2.1 零件图分析 ... 16
- 1.2.2 学生任务分组 ... 17
- 1.2.3 加工过程准备 ... 17
- 1.2.4 加工工艺及程序制定 ... 18
- 1.2.5 零件加工实施方案答辩 ... 23
- 1.2.6 零件加工过程实施 ... 24
- 1.2.7 零件加工质量评价 ... 25
- 1.2.8 任务实施总结与反思 ... 27

任务1.3 数控车基础任务——C03零件加工 ... 29
- 1.3.1 零件图分析 ... 29
- 1.3.2 学生任务分组 ... 30
- 1.3.3 加工过程准备 ... 30
- 1.3.4 加工工艺及程序制定 ... 31
- 1.3.5 零件加工实施方案答辩 ... 32
- 1.3.6 零件加工过程实施 ... 37
- 1.3.7 零件加工质量评价 ... 38
- 1.3.8 任务实施总结与反思 ... 40

任务1.4 数控车基础任务——C04零件加工 ... 42

  1.4.1 零件图分析 ………………………………………………………… 42
  1.4.2 学生任务分组 ………………………………………………………… 43
  1.4.3 加工过程准备 ………………………………………………………… 43
  1.4.4 加工工艺及程序制定 ………………………………………………… 45
  1.4.5 零件加工实施方案答辩 ……………………………………………… 51
  1.4.6 零件加工过程实施 …………………………………………………… 52
  1.4.7 零件加工质量评价 …………………………………………………… 52
  1.4.8 任务实施总结与反思 ………………………………………………… 55

任务1.5 数控车基础加工实训——C05零件加工 …………………………………… 57
  1.5.1 零件图分析 …………………………………………………………… 57
  1.5.2 学生任务分组 ………………………………………………………… 57
  1.5.3 加工过程准备 ………………………………………………………… 57
  1.5.4 加工工艺及程序制定 ………………………………………………… 60
  1.5.5 零件加工实施方案答辩 ……………………………………………… 67
  1.5.6 零件加工过程实施 …………………………………………………… 67
  1.5.7 零件加工质量评价 …………………………………………………… 69
  1.5.8 任务实施总结与反思 ………………………………………………… 71

任务1.6 数控车复杂任务——C06零件加工 ……………………………………………… 73
  1.6.1 零件图分析 …………………………………………………………… 73
  1.6.2 学生任务分组 ………………………………………………………… 73
  1.6.3 加工过程准备 ………………………………………………………… 73
  1.6.4 加工工艺及程序制定 ………………………………………………… 76
  1.6.5 零件加工实施方案答辩 ……………………………………………… 83
  1.6.6 零件加工过程实施 …………………………………………………… 84
  1.6.7 零件加工质量评价 …………………………………………………… 85
  1.6.8 任务实施总结与反思 ………………………………………………… 86

项目2 数控铣削加工 …………………………………………………………………… 88

任务2.1 数控铣认知任务——X01零件加工 ………………………………………………… 90
  2.1.1 零件图样分析 ………………………………………………………… 90
  2.1.2 学生任务分组 ………………………………………………………… 91
  2.1.3 加工过程准备 ………………………………………………………… 91
  2.1.4 加工工艺及程序制定 ………………………………………………… 92
  2.1.5 零件加工实施方案答辩 ……………………………………………… 97
  2.1.6 零件加工过程实施 …………………………………………………… 98
  2.1.7 零件加工质量评价 …………………………………………………… 100

  2.1.8 任务实施总结与反思 …………………………………………… 101

任务2.2 数控铣认知任务——X02 零件加工 103
  2.2.1 零件图样分析 …………………………………………………… 103
  2.2.2 学生任务分组 …………………………………………………… 104
  2.2.3 加工过程准备 …………………………………………………… 104
  2.2.4 加工工艺及程序制定 …………………………………………… 105
  2.2.5 零件加工实施方案答辩 ………………………………………… 110
  2.2.6 零件加工过程实施 ……………………………………………… 111
  2.2.7 零件加工质量评价 ……………………………………………… 113
  2.2.8 任务实施总结与反思 …………………………………………… 114

任务2.3 数控铣基础任务——X03 零件加工 116
  2.3.1 零件图样分析 …………………………………………………… 116
  2.3.2 学生任务分组 …………………………………………………… 117
  2.3.3 加工过程准备 …………………………………………………… 117
  2.3.4 加工工艺及程序制定 …………………………………………… 119
  2.3.5 零件加工实施方案答辩 ………………………………………… 130
  2.3.6 零件加工过程实施 ……………………………………………… 130
  2.3.7 零件加工质量评价 ……………………………………………… 131
  2.3.8 任务实施总结与反思 …………………………………………… 133

任务2.4 数控铣基础加工实训——X04 零件加工 135
  2.4.1 零件图样分析 …………………………………………………… 135
  2.4.2 学生任务分组 …………………………………………………… 136
  2.4.3 加工过程准备 …………………………………………………… 136
  2.4.4 加工工艺及程序制定 …………………………………………… 137
  2.4.5 零件加工实施方案答辩 ………………………………………… 147
  2.4.6 零件加工过程实施 ……………………………………………… 148
  2.4.7 零件加工质量评价 ……………………………………………… 149
  2.4.8 任务实施总结与反思 …………………………………………… 150

任务2.5 数控铣复杂任务——X05 零件加工 152
  2.5.1 零件图样分析 …………………………………………………… 152
  2.5.2 学生任务分组 …………………………………………………… 153
  2.5.3 加工过程准备 …………………………………………………… 153
  2.5.4 加工工艺及程序制定 …………………………………………… 155
  2.5.5 零件加工实施方案答辩 ………………………………………… 166
  2.5.6 零件加工过程实施 ……………………………………………… 167

2.5.7　零件加工质量评价 ································· 168
　　2.5.8　任务实施总结与反思 ······························· 169
任务 2.6　数控铣复杂任务——X06 零件加工 ······················ 171
　　2.6.1　零件图样分析 ····································· 171
　　2.6.2　学生任务分组 ····································· 172
　　2.6.3　加工过程准备 ····································· 172
　　2.6.4　加工工艺及程序制定 ······························· 173
　　2.6.5　零件加工实施方案答辩 ····························· 183
　　2.6.6　零件加工过程实施 ································· 184
　　2.6.7　零件加工质量评价 ································· 185
　　2.6.8　任务实施总结与反思 ······························· 186

项目 3　数控机床概述 ··· 188
任务 3.1　数控机床结构组成 ······································ 190
　　3.1.1　程序载体 ··· 190
　　3.1.2　数控装置 ··· 191
　　3.1.3　伺服系统 ··· 192
　　3.1.4　测量单元 ··· 192
　　3.1.5　机床本体 ··· 193
　　3.1.6　其他辅助装置 ····································· 193
任务 3.2　数控系统 ·· 194
　　3.2.1　数控系统硬件 ····································· 194
　　3.2.2　数控系统软件 ····································· 197
任务 3.3　数控机床面板介绍 ······································ 199
　　3.3.1　显示装置 ··· 199
　　3.3.2　NC 键盘 ·· 199
　　3.3.3　机床控制面板 ····································· 202

项目 4　数控车床操作 ··· 206
任务 4.1　数控车床开关机及数控系统上下电 ························ 208
　　4.1.1　数控车床开机操作 ································· 208
　　4.1.2　数控车床关机操作 ································· 209
任务 4.2　数控车床回参考点操作 ·································· 211
任务 4.3　数控车床加工程序输入操作 ······························ 212
　　4.3.1　手动输入 ··· 212
　　4.3.2　内存卡输入 ······································· 215
任务 4.4　数控车床对刀原理与操作 ································ 220

4.4.1　对刀目的与原理 ·· 220
　　4.4.2　数控车床对刀操作 ·· 220
任务 4.5　数控车床零件加工程序校验 ·· 226
　　4.5.1　程序图形仿真校验 ·· 226
　　4.5.2　程序单段运行校验 ·· 229
任务 4.6　数控车床零件自动加工 ·· 230
　　4.6.1　刀尖半径对加工精度的影响 ··· 230
　　4.6.2　刀尖半径与刀尖方位的设置 ··· 230
　　4.6.3　数控车床常用加工流程 ··· 231
任务 4.7　数控车床维护 ··· 233
　　4.7.1　数控系统的维护 ·· 233
　　4.7.2　数控车床的日常维护内容 ··· 233

项目 5　数控铣床操作 ·· 236

任务 5.1　数控铣床开关机及数控系统上下电 ·· 238
　　5.1.1　数控铣床开机操作 ·· 238
　　5.1.2　数控铣床关机操作 ·· 239
任务 5.2　数控铣床回参考点操作 ·· 241
任务 5.3　数控铣床加工程序输入操作 ··· 242
　　5.3.1　手动输入 ··· 242
　　5.3.2　内存卡输入 ··· 244
　　5.3.3　在线输入（DNC） ·· 248
任务 5.4　数控铣床对刀原理与操作 ··· 254
　　5.4.1　对刀目的与原理 ·· 254
　　5.4.2　数控铣床对刀操作 ·· 254
任务 5.5　数控铣床零件加工程序校验 ··· 267
　　5.5.1　程序图形仿真校验 ·· 267
　　5.5.2　程序单段运行校验 ·· 270
任务 5.6　数控铣床零件自动加工 ·· 272
　　5.6.1　粗加工 ··· 272
　　5.6.2　半精加工 ··· 273
　　5.6.3　精加工 ··· 274
任务 5.7　数控铣床维护 ··· 276
　　5.7.1　数控铣床机械维护 ·· 276
　　5.7.2　数控铣床的日常维护 ··· 276

项目1　数控车削加工

项目导读

知识目标

1. 掌握数控车床零件图纸的基本分析方法；
2. 掌握数控车床常用刀具的选用以及数控车床零件加工工艺路线的制定方法；
3. 掌握数控车床零件工艺卡片的制定过程与制定方法；
4. 了解并掌握数控车床加工零件数控程序的编制过程及编制方法；
5. 了解并掌握数控车床加工零件加工过程、加工精度的控制及检验方法。

技能目标

1. 能遵守车床安全操作规程，并能规范操作数控车床；
2. 能够正确使用数控车床加工过程中的常用工具及量具；
3. 能够正确分析并制定数控车削加工工艺路线，能够识读并制定数控车加工工艺文件；
4. 能合理选择和安装数控车床常用刀具，并确定切削用量；
5. 能编制一般数控车床零件的数控加工程序；
6. 能够根据图纸要求加工出合格的零件；
7. 会对数控车床常用的工具、夹具、量具及数控车床进行日常维护和保养；
8. 能够对数控车削加工的经济性及零件加工质量做出正确分析。

素质目标

1. 养成良好的团队协作精神与交流沟通能力，具有继续学习和可持续发展的能力，不卑不亢，能够与团队分享成功与失败；
2. 在分析和解决问题的过程中，养成勇于克服困难的精神，具有克服困难的信心与决心，勇于战胜困难；
3. 具有良好的职业道德素养和环境保护意识，养成及时完成阶段性工作任务的习惯，有效并合理利用资源，解决工作任务与难题。

数控加工项目操作

项目描述

　　数控车削加工是数控加工从业者必备的基本技能之一。项目选用六个数控车削零件作为任务，分别为C01、C02简单零件，C03、C04基础零件以及C05、C06复杂零件。每个任务都要求学生能够根据零件图纸选用正确的零件毛坯、加工设备、夹具以及量具，然后制定出零件的加工工艺，再根据图纸以及制定出的零件加工工艺编制出数控加工程序，再将程序导入已选用的加工设备，完成零件的加工操作以及加工过程中零件的质量控制，最后用选用的量具完成对零件的加工精度检验。

任务 1.1 数控车认知任务——C01 零件加工

学习情景描述

在教师的组织安排下学生分小组完成 C01 零件的数控车削加工。

学习目标

(1) 熟悉一般轴类零件数控加工工艺的制定内容与制定过程；
(2) 熟悉 G90 单一固定循环指令格式和 G71 复合循环指令格式的使用；
(3) 能够正确选择外圆车削时刀具的几何参数与切削用量；
(4) 熟悉零件加工过程中的数控车削操作方法及零件加工质量精度控制方法；
(5) 车间卫生及机床的保养要符合现代 7S 管理目标（整理、整顿、清扫、清洁、素养、安全、节约）。

1.1.1 零件图样分析

分析如图 1-1-1 所示零件的轮廓特征、尺寸精度、形位公差、技术要求和零件材料等。

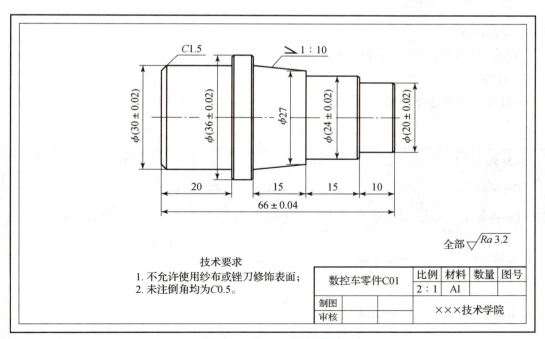

图 1-1-1 C01 零件图纸

1.1.2 学生任务分组

任务实施时，3~6人一组，学生自由组队完成任务分组。从零件图分析、加工过程准备、加工工艺与程序制定、零件加工实施方案答辩、零件加工过程实施、零件加工质量评价、任务实施总结和反思等几个方面，以小组为单位完成任务实施，见表1-1-1。

表1-1-1 学生任务分组表

班级		组号		指导老师	
组长		学号			
组员	姓名	学号	姓名	学号	备注
任务分工					

1.1.3 加工过程准备

1. 毛坯选择

材质：Al 棒料；规格：$\phi 40 \times 70$（mm）。

2. 设备选择

零件加工设备选择见表1-1-2。

表1-1-2 零件加工设备选择

姓名		班级		组号	
零件名称		数控车认知零件（C01）			
工序内容	设备型号	夹具要求	主要加工内容		
1. 左端加工	CAK5085di	三爪卡盘	1. 车削左端面		
			2. 车削左端轮廓		
2. 右端加工	CAK5085di	三爪卡盘	3. 车削右端面		
			4. 车削右端轮廓		

3. 刀具选择

零件加工刀具选择见表 1-1-3。

表 1-1-3　零件加工刀具选择

姓名		班级		组号	
零件名称	数控车认知零件（C01）	毛坯材料		Al	
工步号	工步内容	刀具			
		类型	材料	规格	
1	车削左端面	外圆车刀	硬质合金（YT）		
2	车削左端轮廓	外圆车刀	硬质合金（YT）		
3	车削右端面	外圆车刀	硬质合金（YT）		
4	车削右端轮廓	外圆车刀	硬质合金（YT）		

4. 量具选择

零件加工量具选择见表 1-1-4。

表 1-1-4　零件加工量具选择

姓名		班级		组号	
零件名称	数控车认知零件（C01）	毛坯材料		Al	
序号		量具			
	类型	规格/mm	测量内容/mm		
1	游标卡尺	0~150	10、15、20、66		
2	外径千分尺	0~25	$\phi20$、$\phi24$		
3	外径千分尺	25~50	$\phi30$、$\phi36$		

1.1.4　加工工艺及程序制定

1. 加工工艺制备

零件机械加工工艺过程卡片见表 1-1-5。

2. 数控加工程序编制

C01 零件工序 3 数控加工程序见表 1-1-6。
C01 零件工序 4 数控加工程序见表 1-1-7。

表 1－1－5　零件机械加工工艺过程卡片

姓名		班级		组号	
零件名称	数控车认知零件（C01）	零件图号			C01
毛坯					
材料牌号	种类		规格尺寸/mm		单件重量
Al	棒料		φ40×70		

工序号	工序名称	工步号	工序工步内容	设备名称型号	工艺装备			简图
					夹具	刀具	量具	
1	下料		下 φ40×70（mm）棒料	锯床				
2	检验		毛坯检验					
3	左端轮廓加工	1	车削左端面	CAK5085di	三爪卡盘	见表1-1-3	见表1-1-4	
		2	车削左端轮廓					
4	右端轮廓加工	3	车削右端面	CAK5085di	三爪卡盘			
		4	车削右端轮廓					
5	检验		成品检验					

表1-1-6 左端轮廓加工程序

工序3 左端轮廓加工	程序注释
O0001	程序名：车削左端轮廓
加工部位轮廓图	
G40 G97 G99	取消刀具半径补偿，恒转速进给，每转进给
M03 S800	主轴正转，转速800 r/min
T0101	换1号外圆车刀，导入刀具刀补
G00 X42 Z3	刀具快速到达粗车起刀点
M08	切削液开
G90 X40 Z−28 F0.2	外圆切削循环指令，进给量0.2 mm/r
X38	粗车轮廓
X36.5	
X34 Z−20	
X32	
X30.5	
G00 X100 Z100	快速退刀至（X100，Z100）位置
M09	切削液关
M05	主轴停止
M00	程序无条件暂停
T0101 M08	换1号外圆车刀，导入刀具刀补，切削液开
M03 S1300	主轴正转，转速1 300 r/min
G00 X32 Z2	刀具快速到达精车起刀点
G01 X27 Z0 F0.1	刀具线性进给至（X27，Z0）位置，进给量0.1 mm/r
X30 Z−1.5	精车轮廓
Z−20	
X35	
X36 W−0.5	
Z−28	
X42	
G00 X100 Z100	快速退刀
M09	切削液关
M05	主轴停止
M30	程序停止

表1-1-7 右端轮廓加工程序

工序4 右端轮廓加工	程序注释
O0002	程序名：车削右端轮廓
加工部位轮廓图	
G40 G97 G99	取消刀具半径补偿，恒转速进给，每转进给
M03 S800	主轴正转，转速800 r/min
T0101 M08	换1号外圆车刀，导入刀具刀补，切削液开
G00 X42 Z5	刀具快速到达粗车起刀点
G94 X0 Z4 F0.2	端面切削循环指令，进给量0.2 mm/r
Z3	粗车循环
Z2	
Z0.5	
G00 X100 Z100	快速退刀至（X100，Z100）位置
M09	切削液关
M05	主轴停止
M00	程序无条件暂停
T0101 M08	换1号外圆车刀，导入刀具刀补，切削液开
M03 S1300	换1号外圆车刀，导入刀具刀补，切削液开
M08	切削液开
G00 X42 Z5	刀具快速到达精车起刀点
G94 X0 Z0 F0.1	刀具线性进给车削端面（X0，Z0）位置，进给量0.1 mm/r
G00 X100 Z100	快速退刀至（X100，Z100）位置
M09	切削液关
M05	主轴停止
M30	程序停止

续表

工序4 右端轮廓加工	程序注释
O0003	程序名：车削右端轮廓
加工部位轮廓图	

G40 G97 G99	取消刀具半径补偿，取消恒线速度控制，每转进给
M03 S800	主轴正转，转速 800 r/min
T0101 M08	换 1 号外圆车刀，导入 01 号刀补，切削液开
G00 X42 Z2	刀具快速定位，到达粗车起刀点
G71 U2 R1	复合循环加工指令 G71 加工工件外轮廓
G71 P1 Q2 U0.2 W0.05 F0.2	
N1 G01 X0	精车程序起始段
Z0	
X19	
X20 Z－0.5	
Z－10	
X23	
X24 W－0.5	
Z－25	
X27	
X30 W－15	
X35	
N2 X36 W－0.5	精车程序终止段
G00 X100 Z100	快速退刀至安全位置
M09	冷却液关
M05	主轴停止
M00	程序停止
T0101	（修改刀补后）重新调用 1 号刀具刀补，切削液开
M03 S1300 G00 X42 Z2	主轴正转，刀具快速定位
G70 P1 Q2 F0.1	精加工指令
G00 X100 Z100	快速退刀
M30	程序结束并返回到程序开始处

1.1.5 零件加工实施方案答辩

本任务要求以小组为单位提交项目实施方案（内容包括图纸分析过程、零件加工准备过程、加工工艺制定及程序编制过程），纸质一份+电子稿一份，每一小组选择一名同学作为主讲人介绍项目实施方案，小组所有成员参加答辩，答辩成绩将占总成绩的10%。

零件加工实施方案答辩评分表见表1-1-8。

表1-1-8 零件加工实施方案答辩评分表

姓名		班级		组号	
零件名称	数控车认知零件（C01）		工件编号		C01
内容	具体方案	评分细则		得分	总分
陈述阶段	小组成员不限制人员，陈述时间5 min	内容叙述完整、正确（最高3分）			
		形象风度，有无亲和力（最高2分）			
		语言表达流畅（最高1分）			
答辩阶段	针对小组陈述内容，教师可提出问题，依据小组成员回答情况给予评分	回答问题正确度、完整度、清晰度、是否有说服力（最高4分）			

1.1.6 零件加工过程实施

CAK5085di数控车床设备相关操作参考项目4。零件加工实施过程见表1-1-9。

表1-1-9 零件加工过程实施表

（1）机床上下电操作	
（2）机床返回参考点操作	

续表

（3）毛坯检测	
（4）刀具装夹	
（5）零件装夹	
（6）零件左端加工程序输入与校验	
（7）零件左端加工对刀操作	
（8）零件左端程序运行，加工操作	
（9）零件左端加工尺寸检测与精度补偿控制	
（10）零件掉头装夹	

续表

（11）零件右端加工程序输入与校验	
（12）零件右端加工对刀操作	
（13）零件右端程序运行，加工操作	
（14）零件右端加工尺寸检测与精度补偿控制	
（15）成品零件检测	

1.1.7 零件加工质量评价

1. 零件测量自评

在零件自检评分表 1-1-10 中自评结果处填入尺寸测量结果，不填不得分。

表 1-1-10 零件自检评分表

姓名			班级			组号		
零件名称	数控车认知零件（C01）				工件编号		C01	
序号	考核项目		检测项目	配分	评分标准	自评结果	互评结果	得分
1	形状 （16分）		外轮廓	8	外轮廓形状与图纸不符，每处扣2分			
2			$C1.5$ mm	2	是否倒角，每处2分			
3			$C0.5$ mm	4	是否倒角，每处1分			
4			锥度 1∶10	2	是否有特征，每处1分			

续表

序号	考核项目	检测项目	配分	评分标准	自评结果	互评结果	得分
5	尺寸精度（70 分）	$\phi(30 \pm 0.02)$ mm	10	超差不得分			
6		$\phi(36 \pm 0.02)$ mm	10	超差不得分			
7		$\phi(24 \pm 0.02)$ mm	10	超差不得分			
8		$\phi(20 \pm 0.02)$ mm	10	超差不得分			
9		66 mm ± 0.04 mm	10	超差不得分			
10		20 mm	5	超差不得分（± 0.5）			
11		15 mm	5	超差不得分（± 0.5）			
12		15 mm	5	超差不得分（± 0.5）			
13		10 mm	5	超差不得分（± 0.5）			
14	表面粗糙度（14 分）	$Ra3.2$ μm	14	降一级不得分			
15	碰伤、划伤			每处扣 1~2 分（只扣分，不得分）			
	配分合计		100	得分合计			
	教师签字			检测签字			

2. 零件测量互评

在零件互检评分表 1-1-11 中互评结果处填入尺寸测量结果，不填不得分。

表 1-1-11　零件互检评分表

姓名				班级		组号	
零件名称		数控车认知零件（C01）		工件编号		C01	
序号	考核项目	检测项目	配分	评分标准	自评结果	互评结果	得分
1	形状（16 分）	外轮廓	8	外轮廓形状与图纸不符，每处扣 2 分			
2		C1.5 mm	2	是否倒角，每处 2 分			
3		C0.5 mm	4	是否倒角，每处 1 分			
4		锥度 1:10	2	是否有特征，每处 1 分			
5	尺寸精度（70 分）	$\phi(30 \pm 0.02)$ mm	10	超差不得分			
6		$\phi(36 \pm 0.02)$ mm	10	超差不得分			

续表

序号	考核项目	检测项目	配分	评分标准	自评结果	互评结果	得分
7	尺寸精度（70分）	$\phi(24\pm0.02)$ mm	10	超差不得分			
8		$\phi(20\pm0.02)$ mm	10	超差不得分			
9		66 mm ± 0.04 mm	10	超差不得分			
10		20 mm	5	超差不得分（±0.5）			
11		15 mm	5	超差不得分（±0.5）			
12		15 mm	5	超差不得分（±0.5）			
13		10 mm	5	超差不得分（±0.5）			
14	表面粗糙度（14分）	Ra3.2 μm	14	降一级不得分			
15	碰伤、划伤			每处扣1~2分（只扣分，不得分）			
	配分合计		100	得分合计			
	教师签字			检测签字			

1.1.8 任务实施总结与反思

任务实施总结和反思见表1-1-12。

表1-1-12 任务实施总结与反思

姓名		班级			组号	
零件名称		数控车认知零件（C01）				
评价项目	评价内容	评价效果				
		非常满意	满意	基本满意	不满意	
知识能力	能够正确识别图纸，并分析出工件尺寸的加工精度					
	能正确填写工艺卡片					
	能正确掌握工件加工精度控制方法					
	能正确掌握工件加工精度检验方法					

续表

评价项目	评价内容	评价效果			
		非常满意	满意	基本满意	不满意
技术能力	能够穿好工作服,并按照操作规程的要求正确操作机床				
	能正确掌握量具、工具的使用,并做到轻拿轻放				
	能够根据图样正确分析零件加工工艺路线,并制定工艺文件				
	能够根据工艺文件正确编制数控加工程序				
	能够正确加工出合格零件				
素质能力	能够与团队成员做到良好的沟通,并积极完成组内任务				
	任务实施中能用流畅的语言,清楚地表达自己的观点				
	能正确反馈任务实施过程中遇到的困难,寻求帮助,并努力克服解决				

注:任务实施所有相关表单请扫描下方二维码下载获取,以便教师与学生在任务实施中使用。

C01 零件任务实施相关表单

任务 1.2　数控车认知任务——C02 零件加工

学习情景描述

在教师的组织安排下学生分小组完成 C02 零件的数控车削加工。

学习目标

（1）掌握一般轴类零件数控加工工艺的制定内容与制定过程；
（2）掌握 G90 单一固定循环指令格式和 G71 复合循环指令格式的区别与使用方法；
（3）能够正确选择外圆车削时刀具的几何参数与切削用量；
（4）掌握零件加工过程中数控车床的操作方法以及零件加工质量的精度控制方法；
（5）车间卫生及机床的保养要符合现代 7S 管理目标（整理、整顿、清扫、清洁、素养、安全、节约）。

1.2.1　零件图分析

分析如图 1-2-1 所示零件的轮廓特征、尺寸精度、形位公差、技术要求和零件材料等。

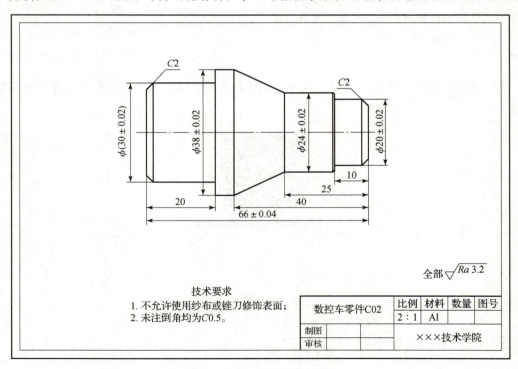

图 1-2-1　C02 零件图纸

1.2.2　学生任务分组

任务实施时，3~6人一组，学生自由组队完成任务分组。从零件图分析、加工过程准备、加工工艺与程序制定、零件加工实施方案答辩、零件加工过程实施、零件加工质量评价、任务实施总结和反思等几个方面，以小组为单位完成任务实施。学生任务分组见表1-2-1。

表1-2-1　学生任务分组

班级		组号		指导老师	
组长		学号			
组员	姓名	学号	姓名	学号	备注
任务分工					

1.2.3　加工过程准备

1. 毛坯选择

材质：Al 棒料；规格：$\phi 40 \times 70$（mm）。

2. 设备选择

零件加工设备选择见表1-2-2。

表1-2-2　零件加工设备选择

姓名		班级		组号	
零件名称		数控车认知零件（C02）			
工序内容	设备型号	夹具要求	主要加工内容		
1. 左端轮廓加工	CAK5085di	三爪卡盘	1. 车削左端面		
			2. 车削左端轮廓		
2. 右端轮廓加工	CAK5085di	三爪卡盘	3. 车削右端面		
			4. 车削右端轮廓		

3. 刀具选择

零件加工刀具选择见表 1-2-3。

表 1-2-3 零件加工刀具选择

姓名		班级		组号	
零件名称	数控车认知零件（C02）	毛坯材料		Al	
工步号	工步内容	刀具			
		类型	材料	规格	
1	车削左端面	外圆车刀	硬质合金（YT）		
2	车削左端轮廓	外圆车刀	硬质合金（YT）		
3	车削右端面	外圆车刀	硬质合金（YT）		
4	车削右端轮廓	外圆车刀	硬质合金（YT）		

4. 量具选择

零件加工量具选择见表 1-2-4。

表 1-2-4 零件加工量具选择

姓名		班级		组号	
零件名称	数控车认知零件（C02）	毛坯材料		Al	
序号	量具				
	类型	规格/mm		测量内容/mm	
1	游标卡尺	0~150		10、20、25、40、66	
2	外径千分尺	0~25		$\phi 20$、$\phi 24$	
3	外径千分尺	25~50		$\phi 30$、$\phi 38$	

1.2.4 加工工艺及程序制定

1. 加工工艺制备

零件机械加工工艺过程卡片见表 1-2-5。

2. 数控加工程序编制

C02 零件工序 3 数控加工程序见表 1-2-6。

表1-2-5 零件机械加工工艺过程卡片

姓名			班级			组号		
零件名称		数控车认知零件（C02）			零件图号		C02	
毛坯								
材料牌号		种类			规格尺寸		单件重量	
Al		棒料			$\phi 40 \times 70$（mm）			
工序号	工序名称	工步号	工步工序内容	设备名称型号	工艺装备			简图
					夹具	刀具	量具	
1	下料		下 $\phi 40 \times 70$（mm）棒料	锯床				
2	检验		毛坯检验					
3	左端轮廓加工	1	车削左端面	CAK5085di	三爪卡盘	见表1-2-3	见表1-2-4	
		2	车削左端轮廓					
4	右端轮廓加工	3	车削右端面	CAK5085di	三爪卡盘			
		4	车削右端轮廓					
5	检验		成品检验					

表 1-2-6　左端轮廓加工程序

工序 3 左端轮廓加工	程序注释
O0001	程序名：车削左端轮廓
加工部位轮廓图	
G40 G97 G99	取消刀具半径补偿，取消恒线速度控制，每转进给
M03 S800	主轴正转，转速 800 r/min
T0101	换 1 号外圆车刀，导入 1 号刀补
G00 X42 Z3	刀具快速定位，到达粗车起刀点
M08	切削液开
G90 X40 Z-28 F0.2	外圆切削循环指令，进给量 0.2 mm/r
X38	粗车轮廓
X36.5	
X34 Z-20	
X32	
X30.5	
G00 X100 Z100	快速退刀至（X100，Z100）位置
M09	切削液关
M05	主轴停止
M00	程序暂停
T0101 M08	（修改刀补后）重新调用 1 号刀具刀补，切削液开
M03 S1300	主轴正转，转速 1 300 r/min
G00 X32 Z2	刀具快速定位，到达精车起刀点
G01 X27 Z0 F0.1	刀具线性进给至（X27，Z0）位置，进给量 0.1 mm/r
X30 Z-1.5	精车轮廓
Z-20	
X35	
X36 W-0.5	
Z-28	
X42	

续表

工序 3 左端轮廓加工	程序注释
O0001	程序名：车削左端轮廓
G00 X100 Z100	快速退刀
M09	切削液关
M05	主轴停止
M30	程序停止

C02 零件工序 4 数控加工程序见表 1-2-7。

表 1-2-7　左端轮廓加工程序

工序 4 右端轮廓加工	程序注释
O0002	程序名：车削右端面
加工部位轮廓图	
G40 G97 G99	取消刀具半径补偿，取消恒线速度控制，每转进给
M03 S800	主轴正转，转速 800 r/min
T0101 M08	换 1 号外圆车刀，导入 1 号刀具刀补，切削液开
G00 X42 Z5	刀具快速定位，到达粗车起刀点
G94 X0 Z4 F0.2	端面切削循环指令，进给量 0.2 mm/r
Z3	粗车循环
Z2	
Z0.5	
G00 X100 Z100	快速退刀至（X100，Z100）位置
M09	切削液关
M05	主轴停止
M00	程序暂停
T0101 M08	（修改刀补后）重新调用 1 号刀具刀补，切削液开
M03 S1300	主轴正转，转速 1 300 r/min
M08	切削液开
G00 X42 Z5	刀具快速到达精车起刀点

续表

工序 4 右端轮廓加工	程序注释
O0002	程序名：车削右端面
G94 X0 Z0 F0.1	刀具线性进给车削端面（X0，Z0）位置，进给量 0.1 mm/r
G00 X100 Z100	快速退刀至（X100，Z100）位置
M09	切削液关
M05	主轴停止
M30	程序停止
O0003	程序名：车削右端轮廓
加工部位轮廓图	
G40 G97 G99	取消刀具半径补偿，取消恒线速度控制，每转进给
M03 S800	主轴正转，转速 800 r/min
T0101 M08	换 1 号外圆车刀，导入 1 号刀补，切削液开
G00 X42 Z2	刀具快速定位，到达粗车起刀点
G71 U2 R1	复合循环加工指令 G71 加工工件外轮廓
G71 P1 Q2 U0.2 W0.05 F0.2	
N1 G01 X0	精车程序起始段
Z0	
X19	
X20 Z-0.5	
Z-10	
X23	
X24 W-0.5	
Z-25	
X27	
X30 W-15	
X35	
N2 X36 W-0.5	精车程序终止段
G00 X100 Z100	快速退刀至安全位置

项目1 数控车削加工

续表

工序4 右端轮廓加工	程序注释
O0003	程序名：车削右端轮廓
M09	冷却液关
M05	主轴停止
M00	程序停止
T0101	（修改刀补后）重新调用1号刀具刀补，切削液开
M03 S1300	主轴正转
G00 X42 Z2	刀具快速定位
G70 P1 Q2 F0.1	精加工指令
G00 X100 Z100	快速退刀
M30	程序结束并返回到程序开始处

1.2.5 零件加工实施方案答辩

本任务要求以小组为单位提交项目实施方案（内容包括图纸分析过程、零件加工准备过程、加工工艺制定及程序编制过程），纸质一份+电子稿一份，每一小组选择一名同学作为主讲人介绍项目实施方案，小组所有成员参加答辩，答辩成绩将占总成绩的10%。

零件加工实施方案答辩评分表见表1-2-8。

表1-2-8 零件加工实施方案答辩评分表

姓名		班级		组号	
零件名称	数控车认知零件（C02）		工件编号		C02
内容	具体方案	评分细则		得分	总分
陈述阶段	小组成员不限制人员，陈述时间5 min	内容叙述完整、正确（最高3分）			
		形象风度，有无亲和力（最高2分）			
		语言表达流畅（最高1分）			
答辩阶段	针对小组陈述内容，教师可提出问题，依据小组成员回答情况给予评分	回答问题正确度、完整度、清晰度、是否有说服力（最高4分）			

1.2.6 零件加工过程实施

CAK5085di 数控车床设备相关操作参考项目4。零件加工实施过程见表1-2-9。

表1-2-9 零件加工过程实施表

操作步骤	二维码
(1) 机床上下电操作	
(2) 机床返回参考点操作	
(3) 毛坯检测	
(4) 刀具装夹	
(5) 零件装夹	
(6) 零件左端加工程序输入与校验	
(7) 零件左端加工对刀操作	
(8) 零件左端程序运行,加工操作	

续表

（9）零件左端加工尺寸检测与精度补偿控制	
（10）零件掉头装夹	
（11）零件右端加工程序输入与校验	
（12）零件右端加工对刀操作	
（13）零件右端程序运行，加工操作	
（14）零件右端加工尺寸检测与精度补偿控制	
（15）成品零件检测	

1.2.7 零件加工质量评价

1. 零件测量自评

在零件自检评分表1-2-10中自评结果处填入尺寸测量结果，不填不得分。

表 1-2-10　零件自检评分表

姓名		班级		组号	
零件名称	数控车认知零件（C02）		工件编号		C02
序号	考核项目	检测项目	配分	评分标准	自评结果	互评结果	得分
---	---	---	---	---	---	---	---
1	形状 （16 分）	外轮廓	10	外轮廓形状与图纸不符，每处扣 2 分			
2		C2	2	是否倒角，每处 1 分			
3		C0.5	2	是否倒角，每处 1 分			
4		锥度	2	是否有特征，每处 2 分			
5	尺寸精度 （70 分）	$\phi(20\pm0.02)$ mm	10	超差不得分			
6		$\phi(24\pm0.02)$ mm	10	超差不得分			
7		$\phi(30\pm0.02)$ mm	10	超差不得分			
8		$\phi(38\pm0.02)$ mm	10	超差不得分			
9		66 mm ± 0.04 mm	10	超差不得分			
10		20 mm	5	超差不得分（±0.5）			
11		25 mm	5	超差不得分（±0.5）			
12		40 mm	5	超差不得分（±0.5）			
13		10 mm	5	超差不得分（±0.5）			
14	表面粗糙度 （14 分）	$Ra3.2$ μm	14	降一级不得分			
15	碰伤、划伤			每处扣 1~2 分（只扣分，不得分）			
	配分合计		100	得分合计			
	教师签字			检测签字			

2. 零件测量互评

在零件互检评分表 1-2-11 中互评结果处填入尺寸测量结果，不填不得分。

表 1-2-11 零件互检评分表

姓名			班级		组号		
零件名称		数控车认知零件（C02）		工件编号		C02	
序号	考核项目	检测项目	配分	评分标准	自评结果	互评结果	得分
1	形状 （16 分）	外轮廓	10	外轮廓形状与图纸不符，每处扣 2 分			
2		C2	2	是否倒角，每处 1 分			
3		C0.5	2	是否倒角，每处 1 分			
4		锥度	2	是否有特征，每处 2 分			
5	尺寸精度 （70 分）	$\phi(20\pm0.02)$ mm	10	超差不得分			
6		$\phi(24\pm0.02)$ mm	10	超差不得分			
7		$\phi(30\pm0.02)$ mm	10	超差不得分			
8		$\phi(38\pm0.02)$ mm	10	超差不得分			
9		66 mm ± 0.04 mm	10	超差不得分			
10		20 mm	5	超差不得分（±0.5）			
11		25 mm	5	超差不得分（±0.5）			
12		40 mm	5	超差不得分（±0.5）			
13		10 mm	5	超差不得分（±0.5）			
14	表面粗糙度 （14 分）	$Ra3.2\ \mu m$	14	降一级不得分			
15	碰伤、划伤			每处扣 1~2 分（只扣分，不得分）			
	配分合计		100	得分合计			
	教师签字			检测签字			

1.2.8 任务实施总结与反思

任务实施总结与反思见表 1-2-12。

表1-2-12 任务实施总结与反思

姓名		班级		组号		
零件名称		数控车认知零件（C02）				
评价项目	评价内容	评价效果				
		非常满意	满意	基本满意	不满意	
知识能力	能够正确识别图纸，并分析出工件尺寸的加工精度					
	能正确填写工艺卡片					
	能正确掌握工件加工精度控制方法					
	能正确掌握工件加工精度检验方法					
技术能力	能够穿好工作服，并按照操作规程的要求正确操作机床					
	能正确掌握量具、工具的使用，并做到轻拿轻放					
	能够根据图样正确分析零件加工工艺路线，并制定工艺文件					
	能够根据工艺文件正确编制数控加工程序					
	能够正确加工出合格零件					
素质能力	能够与团队成员做到良好的沟通，并积极完成组内任务					
	任务实施中能用流畅的语言，清楚地表达自己的观点					
	能正确反馈任务实施过程中遇到的困难，寻求帮助，并努力克服解决					

注：任务实施所有相关表单请扫描下方二维码下载获取，以便教师与学生在任务实施中使用。

C02 零件任务实施相关表单

任务1.3　数控车基础任务——C03零件加工

学习情景描述

在教师的组织安排下学生分小组完成C03零件的数控车削加工。

学习目标

（1）熟悉一般带孔轴类零件数控加工工艺的制定内容与制定过程；
（2）熟悉通孔的钻削方法；
（3）熟悉G71复合循环指令车削内孔时指令格式的使用；
（4）熟悉G73成形加工复合循环指令格式的使用；
（5）熟悉G92螺纹循环车削指令格式的使用；
（6）能够正确选择切槽加工与螺纹加工时刀具的几何参数与切削用量；
（7）掌握零件加工过程中数控车床操作方法以及零件加工质量精度控制方法；
（8）车间卫生及机床的保养要符合现代7S管理目标（整理、整顿、清扫、清洁、素养、安全、节约）。

1.3.1　零件图分析

分析如图1-3-1所示零件的轮廓特征、尺寸精度、形位公差、技术要求和零件材料等。

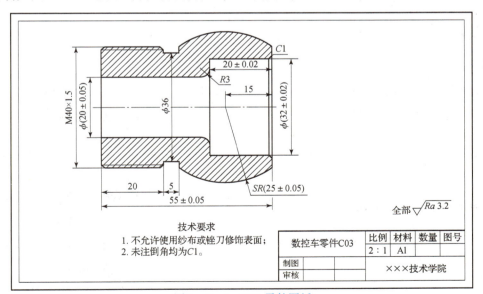

图1-3-1　C03零件图纸

1.3.2 学生任务分组

任务实施时,3~6人一组,学生自由组队完成任务分组。从零件图分析、加工过程准备、加工工艺与程序制定、零件加工实施方案答辩、零件加工过程实施、零件加工质量评价、任务实施总结和反思等几个方面,以小组为单位完成任务实施。学生任务分组见表1-3-1。

表1-3-1 学生任务分组

班级		组号		指导老师	
组长		学号			
组员	姓名	学号	姓名	学号	备注
任务分工					

1.3.3 加工过程准备

1. 毛坯选择

材质:Al 棒料;规格:$\phi 55 \times 75$(mm)。

2. 设备选择

零件加工设备选择见表1-3-2。

表1-3-2 零件加工设备选择

姓名		班级		组号	
零件名称	数控车基础零件(C03)				
工序内容	设备型号	夹具要求	主要加工内容		
零件加工	CAK5085di	三爪卡盘	1. 手动车削左端面 2. 预钻中心孔 3. 预钻 $\phi 17.5$ mm 孔 4. 车削内轮廓 5. 车削外轮廓表面 6. 车削退刀槽 7. 车削外螺纹 8. 切断工件		

项目1 数控车削加工

3. 刀具选择

零件加工刀具选择见表1-3-3。

表1-3-3 零件加工刀具选择

姓名		班级		组号	
零件名称	数控车基础零件（C03）	毛坯材料		Al	
工步号	工步内容	刀具			
		类型	刀号	材料	规格
1	手动车削左端面	外圆车刀	T02	硬质合金（YT）	
2	预钻中心孔	中心钻		高速钢	
3	预钻 $\phi17.5$ mm 孔	麻花钻		高速钢	$\phi17.5$ mm
4	车削内轮廓	内孔车刀	T01	硬质合金（YT）	
5	车削外轮廓表面	外圆车刀	T02	硬质合金（YT）	
6	车削退刀槽	切槽刀	T03	硬质合金（YT）	
7	车削外螺纹	螺纹车刀	T04	硬质合金（YT）	
8	切断工件	切断刀	T03	硬质合金（YT）	

4. 量具选择

零件加工量具选择见表1-3-4。

表1-3-4 零件加工量具选择

姓名		班级		组号	
零件名称	数控车基础零件（C03）	毛坯材料		Al	
序号	量具				
	类型	规格/mm		测量内容/mm	
1	游标卡尺	0~150		5，20，55，$\phi36$	
2	内径千分尺	20~25，30~40		$\phi20$，$\phi32$	
3	外径千分尺	25~50		SR25	

1.3.4 加工工艺及程序制定

1. 加工工艺制备

零件机械加工工艺过程卡片见表1-3-5。

表 1-3-5 零件机械加工工艺过程卡片

姓名		班级		组号	
零件名称	数控车基础零件（C03）	零件图号		C03	
毛坯					
材料牌号	种类		规格尺寸/mm	单件重量	
Al	棒料		φ55×75		

工序号	工序名称	工步号	工序工步内容	设备名称型号	工艺装备 夹具	工艺装备 刀具	工艺装备 量具	简图
1	下料		下 φ55×75（mm）棒料	锯床				
2	检验		毛坯检验					
3	零件加工	1	手动车削左端面	CAK5085di	三爪卡盘	见表1-3-3	见表1-3-4	
		2	预钻中心孔					
		3	预钻φ17.5 mm孔					
		4	车削内轮廓					
		5	车削外轮廓					
		6	车削退刀槽					
		7	车削外螺纹					
		8	切断工件					
4	检验		成品检验					

2. 数控加工程序编制

C03 零件工序 3 数控加工程序见表 1-3-6。

1.3.5 零件加工实施方案答辩

本任务要求以小组为单位提交项目实施方案（内容包括图纸分析过程、零件加工准备过程、加工工艺制定及程序编制过程），纸质一份+电子稿一份每一小组选择一名同学作为主讲人介绍项目实施方案，小组所有成员参加答辩，答辩成绩将占总成绩的10%。

表1-3-6 零件轮廓加工程序

工序3 零件加工	程序注释
O0001	程序名：车削内轮廓
加工部位轮廓图	
G40 G97 G99	取消刀具半径补偿，取消恒线速度控制，每转进给
M03 S800	主轴正转，转速800 r/min
T0101 M08	换1号内孔车刀，导入1号刀补，切削液开
G00 X17 Z2	刀具快速定位，到达待切削位置
G71 U1 R1	利用复合循环加工指令G71加工工件外轮廓
G71 P1 Q2 U-0.5 W0.05 F0.2	
N1 G0 X38	精车程序起始段
G01 X32 Z-1	
Z-20	
X20 R3	
Z-57	
N2 X17	精车程序终止段
G00 X100 Z100	快速退刀
M09	切削液关
M05	主轴停止
M00	程序暂停
T0101	（修改刀补后）重新调用1号刀具刀补
M03 S1300	主轴正转，转速1 300 r/min
M08	切削液开
G00 X17 Z2	刀具快速定位，到达待切削位置
G70 P1 Q2 F0.1	精加工指令
G00 X100 Z100	快速退刀
M05	主轴停止
M09	切削液关
M30	程序结束并返回到程序开始处

续表

工序 3 零件加工	程序注释
O0002	程序名：车削外轮廓
加工部位轮廓图	
G40 G97 G99	取消刀具半径补偿，取消恒线速度控制，每转进给
M03 S800	主轴正转，转速 800 r/min
T0202 M08	换 2 号外圆车刀，导入 2 号刀补，切削液开
G00 X56 Z2	刀具快速定位，到达待切削位置
G73 U1 R15	G73 为仿形加工指令
G73 P1 Q2 U0.5 W0.05 F0.2	
N1 G00 X40	精车程序起始段
G01 Z0	
G03 Z-30 R25	
G01 Z-35	
X48	
Z-60	
N2 X56	精车程序终止段
G00 X100 Z100	快速退刀
M09	切削液关
M05	主轴停止
M00	程序暂停
T0202	（修改刀补后）重新调用 2 号刀具刀补
M03 S1000	主轴正转，转速 1 000 r/min
M08	切削液开
G00 X56 Z2	刀具快速定位，到达待切削位置
G70 P1 Q2 F0.1	精加工指令
G00 X100 Z100	快速退刀
M09	切削液关
M05	主轴停止
M30	程序结束并返回到程序开始处

续表

工序 3 零件加工	程序注释
O0003	程序名：车削退刀槽
加工部位轮廓图	

G40 G97 G99	取消刀具半径补偿，取消恒线速度控制，每转进给
M03 S400	主轴正转，转速 400 r/min
T0303	换 3 号切槽刀，导入 3 号刀补
M08	切削液开
G00 X50 Z-35	刀具快速定位，到达待切削位置
G01 X36 F0.1	切槽
G0 X43	X 向退刀
Z-34	Z 向移动 1 mm
G01 X36 F0.1	切槽
G00 X50	X 向退刀
Z-60	快速移动到下一个槽的待加工位置
G01 X36 F0.1	切槽
G0 X50	X 向退刀
Z-59	Z 向移动 1 mm
G01 X36 F0.1	切槽
G00 X100	快速退刀
Z100	
M09	切削液关
M05	主轴停止
M30	程序结束并返回到程序开始处

续表

工序 3 零件加工	程序注释
O0004	程序名：车削外螺纹
加工部位轮廓图	
G40 G97 G99	取消刀具半径补偿，取消恒线速度控制，每转进给
M03 S600	主轴正转，转速 600 r/min
T0404	换 4 号螺纹车刀，导入 4 号刀补
M08	切削液开
G00 X52	刀具快速定位，到达待切削位置
Z-32	
G92 X47 Z-57 F1.5	单一固定循环切螺纹程序 G92
X46.5	
X46.3	
X46.2	
X46	
G00 X100	快速退刀
Z100	
M09	切削液关
M05	主轴停止
M30	程序结束并返回到程序开始处
O0005	程序名：切断工件
加工部位轮廓图	

续表

工序 3 零件加工	程序注释
O0005	程序名：切断工件
G40 G97 G99	取消刀具半径补偿，取消恒线速度控制，每转进给
M03 S400	主轴正转，转速 400 r/min
T0303	换 3 号切断刀，导入 3 号刀补
M08	切削液开
G00 X50 Z-59	刀具快速定位，到达待切削位置
G01 X19 F0.1	G01 切断
G00 X100	快速退刀
Z100	
M09	切削液关
M05	主轴停止
M30	程序结束并返回到程序开始处

零件加工实施方案答辩评分见表 1-3-7。

表 1-3-7　零件加工实施方案答辩评分表

姓名		班级		组号	
零件名称	数控车认知零件（C03）		工件编号		C03
内容	具体方案	评分细则		得分	总分
陈述阶段	小组成员不限制人员，陈述时间 5 min	内容叙述完整、正确（最高 3 分）			
		形象风度，有无亲和力（最高 2 分）			
		语言表达流畅（最高 1 分）			
答辩阶段	针对小组陈述内容，教师可提出问题，依据小组成员回答情况给予评分	回答问题正确度、完整度、清晰度、是否有说服力（最高 4 分）			

1.3.6　零件加工过程实施

CAK5085di 数控车床设备相关操作参考项目 4。零件加工实施过程见表 1-3-8。

表 1-3-8　零件加工过程实施表

零件加工过程	零件加工过程实施二维码
（1）机床上下电操作	见任务 1.1
（2）毛坯检测	见任务 1.1
（3）零件装夹	C03 零件加工过程
（4）刀具装夹	
（5）车削左端面	
（6）预钻中心孔	
（7）预钻 $\phi 17.5$ mm 孔	
（8）车削内轮廓	
（9）车削外轮廓	
（10）车削退刀槽	
（11）车削外螺纹	
（12）切断工件	

1.3.7　零件加工质量评价

1. 零件测量自评

在零件自检评分表 1-3-9 中自评结果处填入尺寸测量结果，不填不得分。

表 1-3-9　零件自检评分表

姓名			班级			组号	
零件名称	数控车基础零件（C03）			工件编号		C03	
序号	考核项目	检测项目	配分	评分标准	自评结果	互评结果	得分
1	形状 （20 分）	外轮廓	10	外轮廓形状与图纸不符，每处扣 2 分			
2		C1	4	是否倒角			
3		M40 螺纹	6	是否有特征			
4	尺寸精度 （64 分）	$\phi(20 \pm 0.05)$ mm	10	超差不得分			
5		20 mm ± 0.02 mm	12	超差不得分			
6		$\phi(32 \pm 0.02)$ mm	12	超差不得分			
7		$\phi 36$ mm	5	超差不得分（±0.5）			
8		$SR(25 \pm 0.05)$	10	超差不得分			

续表

序号	考核项目	检测项目	配分	评分标准	自评结果	互评结果	得分
9	尺寸精度(64分)	5 mm	5	超差不得分（±0.5）			
10		20 mm	5	超差不得分（±0.5）			
11		55 mm ± 0.05 mm	5	超差不得分			
12	表面粗糙度(16分)	$Ra3.2\ \mu m$	16	降一级不得分			
13	碰伤、划伤			每处扣1~2分（只扣分，不得分）			
	配分合计		100	得分合计			
	教师签字			检测签字			

2. 零件测量互评

在零件互检评分表1-3-10中互评结果处填入尺寸测量结果，不填不得分。

表1-3-10 零件互检评分表

姓名			班级			组号	
零件名称		数控车基础零件（C03）		工件编号		C03	
序号	考核项目	检测项目	配分	评分标准	自评结果	互评结果	得分
1	形状(20分)	外轮廓	10	外轮廓形状与图纸不符，每处扣2分			
2		C1	4	是否倒角			
3		M48 螺纹	6	是否有特征			
4	尺寸精度(64分)	$\phi(20 \pm 0.05)$ mm	10	超差不得分			
5		20 mm ± 0.02 mm	12	超差不得分			
6		$\phi(32 \pm 0.02)$ mm	12	超差不得分			
7		$\phi36$ mm	5	超差不得分（±0.5）			
8		$SR(25 \pm 0.05)$ mm	10	超差不得分			
9		5 mm	5	超差不得分（±0.5）			
10		20 mm	5	超差不得分（±0.5）			
11		55 mm ± 0.05 mm	5	超差不得分			

续表

序号	考核项目	检测项目	配分	评分标准	自评结果	互评结果	得分
12	表面粗糙度（16分）	$Ra3.2\ \mu m$	16	降一级不得分			
13	碰伤、划伤			每处扣1~2分（只扣分，不得分）			
	配分合计		100	得分合计			
	教师签字				检测签字		

1.3.8 任务实施总结与反思

任务实施总结与反思见表1-3-11。

表1-3-11 任务实施总结与反思

姓名		班级		组号		
零件名称		数控基础零件（C03）				
评价项目	评价内容	评价效果				
		非常满意	满意	基本满意	不满意	
知识能力	能够正确识别图纸，并分析出工件尺寸的加工精度					
	能正确填写工艺卡片					
	能正确掌握工件加工精度控制方法					
	能正确掌握工件加工精度检验方法					
技术能力	能够穿好工作服，并按照操作规程的要求正确操作机床					
	能正确掌握量具、工具的使用，并做到轻拿轻放					
	能够根据图样正确分析零件加工工艺路线，并制定工艺文件					
	能够根据工艺文件正确编制数控加工程序					
	能够正确加工出合格零件					

续表

评价项目	评价内容	评价效果			
		非常满意	满意	基本满意	不满意
素质能力	能够与团队成员做到良好的沟通，并积极完成组内任务				
	任务实施中能用流畅的语言，清楚地表达自己的观点				
	能正确反馈任务实施过程中遇到的困难，寻求帮助，并努力克服解决				

注：任务实施所有相关表单请扫描下方二维码下载获取，以便教师与学生在任务实施中使用。

C03 零件任务实施相关表单

任务 1.4 数控车基础任务——C04 零件加工

学习情景描述

在教师的组织安排下学生分小组完成 C04 零件的数控车削加工。

学习目标

(1) 掌握一般带孔轴类零件数控加工工艺的制定内容与制定过程；

(2) 掌握通孔的钻削方法；

(3) 掌握 G71 复合循环指令车削内孔时指令格式的使用；

(4) 掌握 G92 螺纹循环车削指令格式的使用；

(5) 能够正确选择切槽加工与螺纹加工时刀具的几何参数和切削用量；

(6) 掌握零件加工过程中的数控车床操作方法以及零件加工质量精度控制方法；

(7) 车间卫生及机床的保养要符合现代 7S 管理目标（整理、整顿、清扫、清洁、素养、安全、节约）。

1.4.1 零件图分析

分析如图 1-4-1 所示零件的轮廓特征、尺寸精度、形位公差、技术要求和零件材料等。

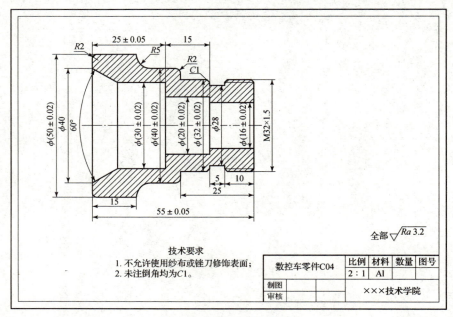

图 1-4-1 C04 零件图纸

项目1 数控车削加工

1.4.2 学生任务分组

任务实施时,3~6人一组,学生自由组队完成任务分组。从零件图分析、加工过程准备、加工工艺与程序制定、零件加工实施方案答辩、零件加工过程实施、零件加工质量评价、任务实施总结和反思等几个方面,以小组为单位完成任务实施。学生任务分组见表1-4-1。

表1-4-1 学生任务分组表

班级		组号		指导老师	
组长		学号			
组员	姓名	学号	姓名	学号	备注
任务分工					

1.4.3 加工过程准备

1. 毛坯选择

材质:Al 棒料;规格:$\phi 55 \times 60$(mm)。

2. 设备选择

零件加工设备选择见表1-4-2。

表1-4-2 零件加工设备选择

姓名		班级		组号	
零件名称		数控车基础零件(C04)			
工序内容	设备型号	夹具要求	主要加工内容		
1. 左端轮廓加工	CAK5085di	三爪卡盘	1. 手动车削左端面 2. 预钻中心孔 3. 预钻 $\phi 14$ mm 孔 4. 车削内轮廓 5. 车削 $\phi 50$ mm 外圆		
2. 右端轮廓加工	CAK5085di	三爪卡盘	6. 车削右端面 7. 车削外轮廓面 8. 车削退刀槽 9. 车削外螺纹		

3. 刀具选择

零件加工刀具选择见表1-4-3。

表1-4-3 零件加工刀具选择

姓名		班级		组号	
零件名称	数控车基础零件（C04）	毛坯材料		Al	
工步号	工步内容	刀具			
		类型	刀号	材料	规格
1	手动车削左端面	外圆车刀	T02	硬质合金（YT）	
2	预钻中心孔	中心钻	高速钢	硬质合金（YT）	
3	预钻φ14 mm孔	麻花钻		高速钢	φ14 mm
4	车削内轮廓	内孔车刀	T01	硬质合金（YT）	
5	车削φ50 mm外圆	外圆车刀	T02	硬质合金（YT）	
6	车削右端面	外圆车刀	T02	硬质合金（YT）	
7	车削外轮廓面	外圆车刀	T02	硬质合金（YT）	
8	车削退刀槽	切槽刀	T03	硬质合金（YT）	
9	车削外螺纹	螺纹车刀	T04	硬质合金（YT）	

4. 量具选择

零件加工量具选择见表1-4-4。

表1-4-4 零件加工量具选择

姓名		班级		组号	
零件名称	数控车基础零件（C04）	毛坯材料		Al	
序号	量具				
	类型	规格/mm		测量内容/mm	
1	游标卡尺	0~150		5，10，15，25，55，φ28	
2	内径千分尺	30~40		φ30	
3	外径千分尺	25~50		φ32，φ40，φ50	

1.4.4 加工工艺及程序制定

1. 加工工艺制备

零件机械加工工艺过程卡片见表 1-4-5。

表 1-4-5 零件机械加工工艺过程卡片

姓名				班级			组号	
零件名称			数控车基础零件（C04）	零件图号			C04	
毛坯								
材料牌号			种类	规格尺寸/mm			单件重量	
Al			棒料	$\phi55\times60$				
工序号	工序名称	工步号	工序工步内容	设备名称型号	工艺装备			简图
					夹具	刀具	量具	
1	下料		下 $\phi55\times60$（mm）棒料	锯床				
2	检验		毛坯检验					
3	左端轮廓加工	1	手动车削左端面	CAK5085di	三爪卡盘	见表 1-4-3	见表 1-4-4	
		2	预钻中心孔					
		3	预钻 $\phi14$ mm 孔					
		4	车削内轮廓					
		5	车削 $\phi50$ mm 外圆					
4	右端轮廓加工	6	车削右端面					
		7	车削外轮廓面					
		8	车削退刀槽					
		9	车削外螺纹					
5	检验		成品检验					

2. 数控加工程序编制

C04 零件工序 3 数控加工程序见表 1-4-6。

表 1-4-6　左端轮廓加工程序

工序 3 左端轮廓加工	程序注释
O0001	程序名：车削内轮廓
加工部位轮廓图	
G40 G97 G99	取消刀具半径补偿，取消恒线速度控制，每转进给
M03 S800	主轴正转，转速 800 r/min
T0101 M08	换 1 号内孔车刀，导入 1 号刀补，切削液开
G00 X14 Z2	刀具快速定位，到达待切削位置
G71 U1 R1	复合循环加工指令 G71 加工工件外轮廓
G71 P1 Q2 U-0.5 W0.05 F0.2	
N1 G0 X42.31	精车程序起始段
G01 X30 Z-8.66	
Z-25	
X20	
Z-40	
X16	
Z-57	
N2 X14	精车程序终止段
G00 X100 Z100	快速退刀
M09	切削液关
M05	主轴停止
M00	程序暂停
T0101	（修改刀补后）重新调用 1 号刀具刀补
M03 S1000	主轴正转，转速 1 000 r/min
M08	切削液开
G00 X14 Z2	刀具快速定位，到达待切削位置
G70 P1 Q2 F0.1	精加工指令
G00 X100 Z100	快速退刀
M09	主轴停止
M05	切削液关
M30	程序结束并返回到程序开始处

续表

工序 3 左端轮廓加工	程序注释
O0002	程序名：车削 φ50 mm 外圆
加工部位轮廓图	

G40 G97 G99	取消刀具半径补偿，取消恒线速度控制，每转进给
M03 S800	主轴正转，转速 800 r/min
T0202 M08	换 2 号外圆车刀，导入 2 号刀补，切削液开
G00 X55 Z2	刀具快速定位，到达待切削位置
G71 U1 R1	复合循环加工指令 G71 加工工件外轮廓
G71 P1 Q2 U0.5 W0.05 F0.2	
N1 G01 X46	精车程序起始段
G01 Z0	
G03 X50 Z−2 R2	
G01 Z−17	
N2 X55	精车程序终止段
G00 X100 Z100	快速退刀
M09	切削液关
M05	主轴停止
M00	程序暂停
T0202	（修改刀补后）重新调用 2 号刀具刀补
M03 S1000	主轴正转，转速 1 000 r/min
M08	切削液开
G00 X55 Z2	刀具快速定位，到达待切削位置
G70 P1 Q2 F0.1	精加工指令
G00 X100 Z100	快速退刀
M09	主轴停止
M05	切削液关
M30	程序结束并返回到程序开始处

C04 零件工序 4 数控加工程序见表 1–4–7。

表 1–4–7 左端轮廓加工程序

工序 4 右端轮廓加工	程序注释
O0003	程序名：车削右端面
加工部位轮廓图	
G40 G97 G99	取消刀具半径补偿，取消恒线速度控制，每转进给
M03 S800	主轴正转，转速 800 r/min
T0202 M08	换 2 号外圆车刀，导入 2 号刀补，切削液开
G00 X55 Z5	刀具快速定位，到达待切削位置
G94 X12 Z4 F0.2	端面切削循环指令 G94
Z3	
Z2	
Z0.5	
G00 X100 Z100	快速退刀
M09	切削液关
M05	主轴停止
M00	程序暂停
T0202 M08	（修改刀补后）重新调用 2 号刀具刀补
M03 S1300	主轴正转，转速 1 300 r/min
M08	切削液开
G00 X55 Z5	刀具快速定位，到达待切削位置
G94 X12 Z0 F0.1	精加工指令
G00 X100 Z100	快速退刀
M09	主轴停止
M05	切削液关
M30	程序结束并返回到程序开始处

续表

工序4 右端轮廓加工 O0004	程序注释 程序名：车削外轮廓
加工部位轮廓图	
G40 G97 G99	取消刀具半径补偿，取消恒线速度控制，每转进给
M03 S800	主轴正转，转速800 r/min
T0202 M08	换2号外圆车刀，导入2号刀补，切削液开
G00 X56 Z2	刀具快速定位，到达待切削位置
G71 U2 R1	复合循环加工指令G71加工工件外轮廓
G71 P1 Q2 U1 W0.05 F0.2	
N1 G00 X25	精车程序起始段
G01 X32 Z-1.5	
Z-25	
G03 X40 R2	
G02 Z-40 R5	
N2 G01 X56	精车程序终止段
G00 X100 Z100	快速退刀
M09	切削液关
M05	主轴停止
M00	程序暂停
T0202	（修改刀补后）重新调用2号刀具刀补
M03 S1000	主轴正转，转速1 000 r/min
M08	切削液开
G00 X56 Z2	刀具快速定位，到达待切削位置
G70 P1 Q2 F0.1	精加工指令
G00 X100 Z100	快速退刀
M05	主轴停止
M09	切削液关
M30	程序结束并返回到程序开始处

续表

工序4 右端轮廓加工	程序注释
O0005	程序名：车削退刀槽
加工部位轮廓图	
G40 G97 G99	取消刀具半径补偿，取消恒线速度控制，每转进给
M03 S400	主轴正转，转速400 r/min
T0303	换3号切槽刀，导入3号刀补
M08	切削液开
G00 X35 Z-15	刀具快速定位，到达待切削位置
G01 X28 F0.1	切槽
G00 X35	退刀
Z-14	Z向移动1 mm
G01 X28 F0.1	切槽
G00 X100	快速退刀
Z100	
M05	主轴停止
M09	切削液关
M30	程序结束并返回到程序开始处
O0006	程序名：车削外螺纹
加工部位轮廓图	

续表

工序4 右端轮廓加工	程序注释
O0006	程序名：车削外螺纹
G40 G97 G99	取消刀具半径补偿，取消恒线速度控制，每转进给
M03 S600	主轴正转，转速 600 r/min
T0404	换4号螺纹车刀，导入4号刀补
M08	切削液开
G00 X40 Z5	刀具快速定位，到达待切削位置
G92 X31.2 Z－13 F1.5	单一固定螺纹切削循环 G92
X30.6	
X30.2	
X30.1	
X30	
G00 X100	快速退刀
Z100	
M05	主轴停止
M09	切削液关
M30	程序结束并返回到程序开始处

1.4.5　零件加工实施方案答辩

本任务要求以小组为单位提交项目实施方案（内容包括图纸分析过程、零件加工准备过程、加工工艺制定及程序编制过程），纸质一份＋电子稿一份，每一小组选择一名同学作为主讲人介绍项目实施方案，小组所有成员参加答辩，答辩成绩将占总成绩的10％。

零件加工实施方案答辩评分表见表1－4－8。

表1－4－8　零件加工实施方案答辩评分表

姓名		班级		组号	
零件名称	数控车基础零件（C04）		工件编号		C04
内容	具体方案	评分细则		得分	总分
陈述阶段	小组成员不限制人员，陈述时间5 min	内容叙述完整、正确（最高3分）			
		形象风度，有无亲和力（最高2分）			
		语言表达流畅（最高1分）			

续表

内容	具体方案	评分细则	得分	总分
答辩阶段	针对小组陈述内容，教师可提出问题，依据小组成员回答情况给予评分	回答问题正确度、完整度、清晰度、是否有说服力（最高4分）		

1.4.6 零件加工过程实施

CAK5085di 数控车床设备相关操作参考项目4。零件加工实施过程见表1-4-9。

表1-4-9 零件加工过程实施表

零件加工实施步骤	零件加工实施内容
（1）机床上下电操作	见任务 1.1
（2）毛坯检测	见任务 1.1
（3）零件装夹	
（4）刀具装夹	
（5）手动车削左端面	
（6）预钻中心孔	
（7）预钻 $\phi14$ mm 孔	
（8）车削内轮廓	
（9）车削 $\phi50$ mm 外圆	
（10）车削右端面	
（11）车削外轮廓面	
（12）车削退刀槽	
（13）车削外螺纹	

C04 零件加工过程

1.4.7 零件加工质量评价

1. 零件测量自评

在零件自检评分表1-4-10中自评结果处填入尺寸测量结果，不填不得分。

表 1 – 4 – 10　零件自检评分表

姓名		班级		组号		
零件名称		数控车基础零件（C04）	工件编号		C04	
序号	考核项目	检测项目	配分	评分标准	自评结果	互评结果	得分
1	形状（24分）	外轮廓	10	外轮廓形状与图纸不符，每处扣2分			
2		$C1$	2	是否倒角，每处2分			
		60°锥孔	2	是否有特征			
		$R2$ mm, $R5$ mm	6	是否圆角，每处2分			
3		M32 螺纹	4	是否有特征			
4	尺寸精度（60分）	$\phi(16\pm0.02)$ mm	8	超差不得分			
5		$\phi(30\pm0.02)$ mm	8	超差不得分			
6		$\phi(32\pm0.02)$ mm	8	超差不得分			
		$\phi(40\pm0.02)$ mm	8	超差不得分			
		$\phi(50\pm0.02)$ mm	8	超差不得分			
		25 mm ± 0.05 mm	4	超差不得分			
		55 mm ± 0.05 mm	4	超差不得分			
7		$\phi28$ mm	2	超差不得分（±0.5）			
8		5 mm	2	超差不得分（±0.5）			
9		10 mm	2	超差不得分（±0.5）			
		15 mm	2	超差不得分（±0.5）			
		15 mm	2	超差不得分（±0.5）			
10		25 mm	2	超差不得分（±0.5）			
11	表面粗糙度（16分）	$Ra3.2$ μm	16	降一级不得分			
12	碰伤、划伤			每处扣1~2分（只扣分，不得分）			
	配分合计		100	得分合计			
	教师签字			检测签字			

2. 零件测量互评

在零件检测评分表 1－4－11 中互评结果处填入尺寸测量结果，不填不得分。

表 1－4－11　零件互检评分表

姓名			班级			组号	
零件名称		数控车基础零件（C04）		工件编号		C04	
序号	考核项目	检测项目	配分	评分标准	自评结果	互评结果	得分
1	形状 （24 分）	外轮廓	10	外轮廓形状与图纸不符，每处扣 2 分			
2		C1	2	是否倒角，每处 2 分			
		60°锥孔	2	是否有特征			
		R2 mm、R5 mm	6	是否圆角，每处 2 分			
3		M32 螺纹	4	是否有特征			
4	尺寸精度 （60 分）	$\phi(16\pm0.02)$ mm	8	超差不得分			
5		$\phi(30\pm0.02)$ mm	8	超差不得分			
6		$\phi(32\pm0.02)$ mm	8	超差不得分			
		$\phi(40\pm0.02)$ mm	8	超差不得分			
		$\phi(50\pm0.02)$ mm	8	超差不得分			
		25 mm ± 0.05 mm	4	超差不得分			
		55 mm ± 0.05 mm	4	超差不得分			
7		$\phi28$ mm	2	超差不得分（±0.5）			
8		5 mm	2	超差不得分（±0.5）			
9		10 mm	2	超差不得分（±0.5）			
		15 mm	2	超差不得分（±0.5）			
		15 mm	2	超差不得分（±0.5）			
10		25 mm	2	超差不得分			
11	表面粗糙度 （16 分）	$Ra3.2\ \mu m$	16	降一级不得分			
12	碰伤、划伤			每处扣 1～2 分（只扣分，不得分）			
	配分合计		100	得分合计			
	教师签字			检测签字			

1.4.8 任务实施总结与反思

任务实施总结与反思见表 1-4-12。

表 1-4-12 任务实施总结与反思

姓名		班级		组号	
零件名称		数控车基础零件（C04）			
评价项目	评价内容	评价效果			
		非常满意	满意	基本满意	不满意
知识能力	能够正确识别图纸，并分析出工件尺寸的加工精度				
	能正确填写工艺卡片				
	能正确掌握工件加工精度控制方法				
	能正确掌握工件加工精度检验方法				
技术能力	能够穿好工作服，并按照操作规程的要求正确操作机床				
	能正确掌握量具、工具的使用，并做到轻拿轻放				
	能够根据图样正确分析零件加工工艺路线，并制定工艺文件				
	能够根据工艺文件正确编制数控加工程序				
	能够正确加工出合格零件				
素质能力	能够与团队成员做到良好的沟通，并积极完成组内任务				
	任务实施中能用流畅的语言，清楚地表达自己的观点				
	能正确反馈任务实施过程中遇到的困难，寻求帮助，并努力克服解决				

注：任务实施所有相关表单请扫描下方二维码下载获取，以便教师与学生在任务实施中使用。

C04 零件任务实施相关表单

项目1 数控车削加工

任务1.5　数控车基础加工实训——C05零件加工

学习情景描述

在教师的组织安排下学生分小组完成C05零件的数控车削加工。

学习目标

（1）熟悉复杂轴类零件数控加工工艺的制定内容与制定过程；
（2）熟悉盲孔的钻削方法；
（3）熟悉用宏程序车削椭圆内圆弧面时的指令格式；
（4）熟悉G73成形加工复合循环指令格式嵌套宏程序的使用；
（5）熟悉G92螺纹循环车削指令车削内螺纹格式的使用；
（6）能够正确选择切槽加工与螺纹加工时刀具的几何参数与切削用量；
（7）掌握零件加工过程中数控车床操作方法以及零件加工质量精度控制方法；
（8）车间卫生及机床的保养要符合现代7S管理目标（整理、整顿、清扫、清洁、素养、安全、节约）。

1.5.1　零件图分析

分析如图1-5-1所示零件的轮廓特征、尺寸精度、形位公差、技术要求和零件材料等。

1.5.2　学生任务分组

任务实施时，3~6人一组，学生自由组队完成任务分组。从零件图分析、加工过程准备、加工工艺与程序制定、零件加工实施方案答辩、零件加工过程实施、零件加工质量评价、任务实施总结和反思等几个方面，以小组为单位完成任务实施。学生任务分组见表1-5-1。

1.5.3　加工过程准备

1. 毛坯选择
材质：Al棒料；规格：$\phi 55 \times 80$（mm）。
2. 设备选择
零件加工设备选择见表1-5-2。

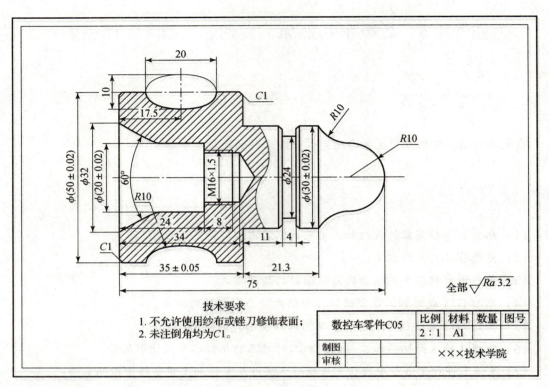

图 1 – 5 – 1　C05 零件图纸

表 1 – 5 – 1　学生任务分组表

班级		组号		指导老师	
组长		学号			
组员	姓名	学号	姓名	学号	备注
任务分工					

3. 刀具选择

零件加工刀具选择见表 1 – 5 – 3。

4. 量具选择

零件加工量具选择见表 1 – 5 – 4。

表 1–5–2 零件加工设备选择

姓名		班级		组号	
零件名称	数控车复杂零件（C05）				
工序内容	设备型号		夹具要求	主要加工内容	
1. 左端轮廓加工	CAK5085di		三爪卡盘	1. 手动车削左端面	
				2. 预钻中心孔	
				3. 预钻 φ14 mm 孔	
				4. 车削内轮廓表面	
				5. 车削内螺纹	
				6. 车削外轮廓	
2. 右端轮廓加工	CAK5085di		三爪卡盘	7. 车削右端面	
				8. 车削外轮廓面	
				9. 车削退刀槽	

表 1–5–3 零件加工刀具选择

姓名		班级		组号	
零件名称	数控车复杂零件（C05）	毛坯材料		Al	
工步号	工步内容	刀具			
		类型	刀号	材料	规格
1	手动车削左端面	外圆车刀	T01	硬质合金	
2	预钻中心孔	中心钻		高速钢	
3	预钻 φ14 mm 孔	麻花钻		高速钢	φ14 mm
4	车削内轮廓表面	内孔车刀	T01	硬质合金（YT）	
5	车削内螺纹	螺纹车刀	T03	硬质合金（YT）	
6	车削外轮廓	外圆车刀	T01	硬质合金（YT）	
7	车削右端面	外圆车刀	T02	硬质合金（YT）	
8	车削外轮廓面	外圆车刀	T02	硬质合金（YT）	
9	车削退刀槽	切槽刀	T04	硬质合金（YT）	

表1-5-4 零件加工量具选择

姓名		班级		组号	
零件名称	数控车复杂零件（C05）	毛坯材料		Al	
序号	量具				
	类型	规格/mm		测量内容/mm	
1	游标卡尺	0~150		4，24，35，φ24	
2	内径千分尺	20~25		φ20	
3	外径千分尺	25~50		φ30，φ50	

1.5.4 加工工艺及程序制定

1. 加工工艺制备

零件机械加工工艺过程卡片见表1-5-5。

表1-5-5 零件机械加工工艺过程卡片

姓名			班级				组号	
零件名称		数控车复杂零件（C05）		零件图号			C05	
毛坯								
材料牌号		种类		规格尺寸/mm			单件重量	
Al		棒料		φ55×80				
工序号	工序名称	工步号	工序工步内容	设备名称型号	工艺装备			简图
					夹具	刀具	量具	
1	下料		下 φ55×80（mm）棒料	锯床				
2	检验		毛坯检验					

项目1 数控车削加工

续表

工序号	工序名称	工步号	工序工步内容	设备名称型号	工艺装备 夹具	工艺装备 刀具	工艺装备 量具	简图
3	左端轮廓加工	1	手动车削左端面	CAK5085di	三爪卡盘	见表1-5-3	见表1-5-4	
		2	预钻中心孔					
		3	预钻 φ14 mm 孔					
		4	车削内轮廓表面					
		5	车削内螺纹					
		6	车削外轮廓					
4	右端轮廓加工	7	车削右端面					
		8	车削外轮廓表面					
		9	车削退刀槽					
5	检验		成品检验					

2. 数控加工程序编制

C05 零件工序 3 数控加工程序见表 1-5-6。

表 1-5-6 左端轮廓加工程序

工序 3 左端轮廓加工	程序注释
O0001	程序名：车削内轮廓表面
加工部位轮廓图	

61

续表

工序 3 左端轮廓加工	程序注释
O0001	程序名：车削内轮廓表面
G40 G97 G99	取消刀具半径补偿，取消恒线速度控制，每转进给
M03 S800	主轴正转，转速 800 r/min
T0101 M08	换 1 号外圆车刀，导入 1 号刀补，切削液开
G00 X14 Z2	刀具快速定位，到达待切削位置
G71 U1 R1	复合循环加工指令 G71 加工工件外轮廓
G71 P1 Q2 U-0.5 W0.05 F0.2	
N1 G00 X32	精车程序起始段
G01 Z0	
G01 X20 Z-10.4 R10	
Z-24	
X16	
Z-34	
N2 X14	精车程序终止段
G00 X100 Z100	快速退刀
M09	切削液关
M05	主轴停止
M00	程序暂停
T0101 M08	（修改刀补后）重新调用 1 号刀具刀补
M03 S1000	主轴正转，转速 1 000 r/min
M08	切削液开
G00 X14 Z2	刀具快速定位，到达待切削位置
G70 P1 Q2 F0.1	精加工指令
G00 X100 Z100	快速退刀
M09	切削液关
M05	主轴停止
M30	程序结束并返回到程序开始处
O0002	程序名：车削内螺纹
加工部位轮廓图	

续表

工序 3 左端轮廓加工	程序注释
O0002	程序名：车削内螺纹
G40 G97 G99 M03 S600 T0303 M08 G00 X12 Z-20 G92 X14.8 Z-32 F1.5 X15.2 X15.6 X15.8 X16 G00 X100 Z100 M09 M05 M30	取消刀具半径补偿，取消恒线速度控制，每转进给 主轴正转，转速 600 r/min 换 3 号螺纹车刀，导入 3 号刀补 切削液开 刀具快速定位，到达待切削位置 单一固定循环螺纹加工指令 G92 加工内螺纹 快速退刀 切削液关 主轴停止 程序结束并返回到程序开始处
O0003	程序名：车削外轮廓
加工部位轮廓图	
G40 G97 G99 M03 S800 T0101 M08 G00 X56 Z2 G71 U1 R1 G71 P01 Q2 U0.5 F0.2 N1 G00 X44	取消刀具半径补偿，取消恒线速度控制，每转进给 主轴正转，转速 800 r/min 换 1 号外圆车刀，导入 1 号刀补，切削液开 刀具快速定位，到达待切削位置 复合循环加工指令 G71 加工工件外轮廓 精车程序起始段

续表

工序 3 左端轮廓加工	程序注释
O0003	程序名：车削外轮廓
G01 X50 Z-1 F0.2	
Z-37	
N2 X55	精车程序终止段
G00 X65 Z-7.5	快速定位
G73 U10 W0 R10	G73 为仿形加工指令
G73 P03 Q4 U0.5 F0.2	
N03 #1=10	精车程序起始段
#2=5	
#3=10	
WHILE [#3GE-10] DO01	WHILE 条件变量 3 大于等于 -10 时进入循环，否则跳出循环
#4=5*SQRT[#1*#1-#3*#3]/10	
G01 X[2*25-2*#4] Z[#3-17.5] F0.2	
#3=#3-0.5	
END01	WHILE 循环结束
N04 G00 X65	精车程序终止段
G00 X100 Z100	快速退刀
M09	切削液关
M05	主轴停止
M00	程序暂停
T0101	（修改刀补后）重新调用 1 号刀具刀补
M03 S1300	主轴正转，转速 1 300 r/min
M08	切削液开
G00 X56 Z2	刀具快速定位，到达待切削位置
G70 P01 Q2 F0.1	精加工指令
G00 X65 Z-7.5	快速定位
G70 P03 Q4 F0.1	精加工指令
G00 X100	快速退刀
Z100	
M09	切削液关，主轴停止
M05 M30	程序结束并返回到程序开始处

C05 零件工序 4 数控加工程序见表 1-5-7。

表 1-5-7　左端轮廓加工程序

工序 4 右端轮廓加工	程序注释
O0004	程序名：车削右端面
加工部位轮廓图	
G40 G97 G99	取消刀具半径补偿，取消恒线速度控制，每转进给
M03 S800	主轴正转，转速 800 r/min
T0202 M08	换 2 号外圆车刀，导入 2 号刀补，切削液开
G00 X55 Z5	刀具快速定位，到达待切削位置
G94 X0 Z4 F0.2	端面切削循环指令 G94
Z3	
Z2	
Z0.5	
G00 X100 Z100	快速退刀
M09	切削液关
M05	主轴停止
M00	程序暂停
T0202 M08	（修改刀补后）重新调用 2 号刀具刀补
M03 S1300	主轴正转，转速 1 300 r/min
M08	切削液开
G00 X55 Z5	刀具快速定位，到达待切削位置
G94 X12 Z0 F0.1	精加工指令
G00 X100 Z100	快速退刀
M09	切削液关
M05	主轴停止
M30	程序结束并返回到程序开始处

续表

工序 4 右端轮廓加工	程序注释
O0005	程序名：车削外轮廓
加工部位轮廓图	
G40 G97 G99	取消刀具半径补偿，取消恒线速度控制，每转进给
M03 S800	主轴正转，转速 800 r/min
T0202 M08	换 2 号外圆车刀，导入 2 号刀补，切削液开
G00 X56 Z2	刀具快速定位，到达待切削位置
G71 U2 R1	复合循环加工指令 G71 加工工件外轮廓
G71 P1 Q2 U1 W0.05 F0.2	
N1 G0 X0	精车程序起始段
G01 Z0	
G03 X20 Z−10 R10	
G02 X30 Z−18.7 R10	
G01 Z−40	
X48	
X50 W−1	
N2 X56	精车程序终止段
G00 X100 Z100	快速退刀
M09	切削液关
M05	主轴停止
M00	程序暂停
T0202 M08	（修改刀补后）重新调用 2 号刀具刀补，切削液开
M03 S1000	主轴正转，转速 1 000 r/min
G00 X56 Z2	快速定位
G70 P1 Q2 F0.1	精加工指令
G00 X100 Z100	快速退刀
M09	切削液关
M05	主轴停止
M30	程序结束并返回到程序开始处

续表

工序4 右端轮廓加工	程序注释
O0006	程序名：车削退刀槽
加工部位轮廓图	
G40 G97 G99	取消刀具半径补偿，取消恒线速度控制，每转进给
M03 S400	主轴正转，转速800 r/min
T0404 M08	换4号切槽刀，导入4号刀补，切削液开
G00 X35 Z-29	刀具快速定位，到达待切削位置
G01 X24 F0.1	切槽
G00 X100	快速退刀
Z100	
M09	切削液关
M05	主轴停止
M30	程序结束并返回到程序开始处

1.5.5 零件加工实施方案答辩

本任务要求以小组为单位提交项目实施方案（内容包括图纸分析过程、零件加工准备过程、加工工艺制定及程序编制过程），纸质一份+电子稿一份每一小组选择一名同学作为主讲人介绍项目实施方案，小组所有成员参加答辩，答辩成绩将占总成绩的10%。

零件加工实施方案答辩评分表见表1-5-8。

1.5.6 零件加工过程实施

CAK5085di 数控车床设备相关操作参考项目4。零件加工实施过程见表1-5-9。

表1－5－8　零件加工实施方案答辩评分表

姓名		班级		组号	
零件名称	数控车复杂零件（C05）	工件编号		C05	
内容	具体方案	评分细则		得分	总分
陈述阶段	小组成员不限制人员，陈述时间5 min	内容叙述完整、正确（最高3分）			
		形象风度，有无亲和力（最高2分）			
		语言表达流畅（最高1分）			
答辩阶段	针对小组陈述内容，教师可提出问题，依据小组成员回答情况给予评分	回答问题正确度、完整度、清晰度、是否有说服力（最高4分）			

表1－5－9　零件加工过程实施表

零件加工实施步骤	零件加工实施内容
（1）机床上下电操作	见任务1.1
（2）毛坯检测	见任务1.1
（3）手动车削左端面	
（4）预钻中心孔	
（5）预钻 $\phi 14$ mm 孔	
（6）车削内轮廓表面	
（7）车削内螺纹	
（8）车削外轮廓	
（9）车削右端面	
（10）车削外轮廓面	
（11）车削退刀槽	

C05 零件加工过程

1.5.7 零件加工质量评价

1. 零件测量自评

在零件自检评分表 1–5–10 中自评结果处填入尺寸测量结果，不填不得分。

表 1–5–10　零件自检评分表

姓名			班级		组号		
零件名称		数控车复杂零件（C05）		工件编号		C05	
序号	考核项目	检测项目	配分	评分标准	自评结果	互评结果	得分
1	形状 （24 分）	外轮廓	10	外轮廓形状与图纸不符，每处扣 2 分			
2		C1	2	是否倒角，每 1 分			
3		60°锥孔	2	是否有特征			
4		$R10$ mm	2	是否圆角，每处 1 分			
5		椭圆面	4	是否椭圆面			
6		M16 螺纹	4	是否有特征			
7	尺寸精度 （64 分）	$\phi(20\pm0.02)$ mm	10	超差不得分			
8		$\phi(30\pm0.02)$ mm	10	超差不得分			
9		$\phi(50\pm0.02)$ mm	10	超差不得分			
10		35 mm ± 0.05 mm	10	超差不得分			
11		$\phi 24$ mm	4	超差不得分（± 0.5）			
12		4 mm	4	超差不得分（± 0.5）			
13		20 mm	4	超差不得分（± 0.5）			
14		21.3 mm	4	超差不得分（± 0.5）			
15		24 mm	4	超差不得分（± 0.5）			
16		75 mm	4	超差不得分			
17	表面粗糙度 （12 分）	$Ra3.2\ \mu m$	12	降一级不得分			
18	碰伤、划伤			每处扣 1~2 分（只扣分，不得分）			
	配分合计		100	得分合计			
	教师签字			检测签字			

2. 零件测量互评

在零件互检评分表 1－5－11 中互评结果处填入尺寸测量结果，不填不得分。

表 1－5－11　零件互检评分表

姓名		班级		组号	
零件名称	数控车复杂零件（C05）	工件编号		C05	
序号	考核项目	检测项目	配分	评分标准	自评结果	互评结果	得分
1	形状（24 分）	外轮廓	10	外轮廓形状与图纸不符，每处扣 2 分			
2		C1	2	是否倒角，每 1 分			
3		60°锥孔	2	是否有特征			
4		$R10$ mm	2	是否圆角，每处 1 分			
5		椭圆面	4	是否椭圆面			
6		M16 螺纹	4	是否有特征			
7	尺寸精度（64 分）	$\phi(20\pm0.02)$ mm	10	超差不得分			
8		$\phi(30\pm0.02)$ mm	10	超差不得分			
9		$\phi(50\pm0.02)$ mm	10	超差不得分			
10		35 mm $\pm$ 0.05 mm	10	超差不得分			
11		$\phi24$ mm	4	超差不得分（±0.5）			
12		4 mm	4	超差不得分（±0.5）			
13		20 mm	4	超差不得分（±0.5）			
14		21.3 mm	4	超差不得分（±0.5）			
15		24 mm	4	超差不得分（±0.5）			
16		75 mm	4	超差不得分			
17	表面粗糙度（12 分）	$Ra3.2$ μm	12	降一级不得分			
18	碰伤、划伤			每处扣 1～2 分（只扣分，不得分）			
	配分合计		100	得分合计			
	教师签字			检测签字			

1.5.8 任务实施总结与反思

任务实施总结与反思见表 1-5-12。

表 1-5-12 任务实施总结与反思

姓名		班级		组号	
零件名称	\multicolumn{5}{c}{数控车复杂零件（C05）}
评价项目	评价内容	评价效果			
		非常满意	满意	基本满意	不满意
知识能力	能够正确识别图纸，并分析出工件尺寸的加工精度				
	能正确填写工艺卡片				
	能正确掌握工件加工精度控制方法				
	能正确掌握工件加工精度检验方法				
技术能力	能够穿好工作服，并按照操作规程的要求正确操作机床				
	能正确掌握量具、工具的使用，并做到轻拿轻放				
	能够根据图样正确分析零件加工工艺路线，并制定工艺文件				
	能够根据工艺文件正确编制数控加工程序				
	能够正确加工出合格零件				
素质能力	能够与团队成员做到良好的沟通，并积极完成组内任务				
	任务实施中能用流畅的语言，清楚地表达自己的观点				
	能正确反馈任务实施过程遇到的困难，寻求帮助，并努力克服解决				

注：任务实施所有相关表单请扫描下方二维码下载获取，以便教师与学生在任务实施中使用。

C05 零件任务实施相关表单

任务 1.6 数控车复杂任务——C06 零件加工

学习情景描述

在教师的组织安排下学生分小组完成 C06 零件的数控车削加工。

学习目标

（1）掌握复杂轴类零件数控加工工艺的制定内容与制定过程；
（2）掌握盲孔的钻削方法；
（3）熟悉用宏程序车削椭圆外圆弧面时的指令格式；
（4）掌握 G73 成形加工复合循环指令格式嵌套宏程序的使用；
（5）能够正确选择切槽加工与螺纹加工时刀具的几何参数和切削用量；
（6）掌握零件加工过程中数控车床操作方法以及零件加工质量精度的控制方法；
（7）车间卫生及机床的保养要符合现代 7S 管理目标（整理、整顿、清扫、清洁、素养、安全、节约）。

1.6.1 零件图分析

分析如图 1-6-1 所示零件的轮廓特征、尺寸精度、形位公差、技术要求和零件材料等。

1.6.2 学生任务分组

任务实施时，3~6 人一组，学生自由组队完成任务分组。从零件图分析、加工过程准备、加工工艺与程序制定、零件加工实施方案答辩、零件加工过程实施、零件加工质量评价、任务实施总结和反思等几个方面，以小组为单位完成任务实施。学生任务分组见表 1-6-1。

1.6.3 加工过程准备

1. 毛坯选择
材质：Al 棒料；规格：φ55×75（mm）。
2. 设备选择
零件加工设备选择见表 1-6-2。

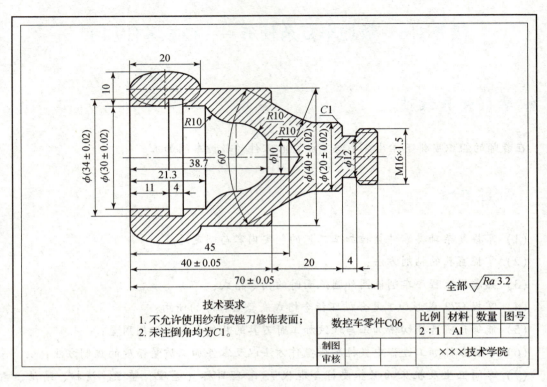

图 1-6-1　C06 零件图纸

表 1-6-1　学生任务分组表

班级		组号		指导老师	
组长		学号			
组员	姓名	学号	姓名	学号	备注
任务分工					

3. 刀具选择

零件加工刀具选择见表 1-6-3。

表1-6-2 零件加工设备选择表

姓名		班级		组号	
零件名称	数控车复杂零件（C06）				
工序内容	设备型号		夹具要求	主要加工内容	
1. 右端轮廓加工	CAK5085di		三爪卡盘	1. 手动车削右端面	
				2. 车削外轮廓表面	
				3. 车削退刀槽	
				4. 车削外螺纹	
2. 左端轮廓加工	CAK5085di		三爪卡盘	5. 车削左端面	
				6. 预钻中心孔	
				7. 预钻 $\phi14$ mm 孔	
				8. 车削内轮廓表面	
				9. 车削内孔槽	
				10. 车削外轮廓	

表1-6-3 零件加工刀具选择表

姓名		班级		组号	
零件名称	数控车复杂零件（C06）		毛坯材料	Al	
工步号	工步内容	刀具			
		类型	刀号	材料	规格
1	手动车削右端面	外圆车刀	T02	硬质合金（YT）	
2	车削外轮廓表面	外圆车刀	T02	硬质合金（YT）	
3	车削退刀槽	切槽刀	T04	硬质合金（YT）	
4	车削外螺纹	外螺纹车刀	T03	硬质合金（YT）	
5	车削左端面	外圆车刀	T02	硬质合金（YT）	
6	预钻中心孔	中心钻		高速钢	
7	预钻 $\phi14$ mm 孔	麻花钻		高速钢	$\phi14$ mm
8	车削内轮廓表面	内孔车刀	T01	硬质合金（YT）	

续表

工步号	工步内容	刀具			
		类型	刀号	材料	规格
9	车削内孔槽	内孔槽刀	T05	硬质合金（YT）	
10	车削外轮廓	外圆车刀	T02	硬质合金（YT）	

4. 量具选择

零件加工量具选择见表 1-6-4。

表 1-6-4　零件加工量具选择表

姓名		班级		组号	
零件名称	数控车复杂零件（C06）		毛坯材料		Al
序号	量具				
	类型		规格/mm		测量内容/mm
1	游标卡尺		0~150		4，10，40，70，ϕ12
2	内径千分尺		30~35		ϕ30
3	外径千分尺		25~50		ϕ20，ϕ40

1.6.4　加工工艺及程序制定

1. 加工工艺制备

零件机械加工工艺过程卡片见表 1-6-5。

表 1-6-5　零件机械加工工艺过程卡片

姓名			班级			组号		
零件名称			数控车复杂零件（C06）			零件图号		C06
毛坯								
材料牌号			种类		规格尺寸/mm			单件重量
Al			棒料		ϕ55×75			
工序号	工序名称	工步号	工序工步内容	设备名称型号	工艺装备			简图
					夹具	刀具	量具	
1	下料		下 ϕ55×75（mm）棒料	锯床				

续表

工序号	工序名称	工步号	工序工步内容	设备名称型号	工艺装备 夹具	工艺装备 刀具	工艺装备 量具	简图
2	检验		毛坯检验					
3	右端轮廓加工	1	手动车削右端面	CAK5085di	三爪卡盘	见表1-6-3	见表1-6-4	
		2	车削外轮廓表面					
		3	车削退刀槽					
		4	车削外螺纹					
4	左端轮廓加工	5	车削左端面					
		6	预钻中心孔					
		7	预钻 $\phi 14$ mm 孔					
		8	车削内轮廓表面					
		9	车削内孔槽					
		10	车削外轮廓					
5	检验		成品检验					

2. 数控加工程序编制

C06 零件工序 3 数控加工程序见表 1-6-6。

表 1-6-6 左端轮廓加工程序

工序 3 右端轮廓加工	程序注释
O0001	程序名：车削外轮廓表面
加工部位轮廓图	

续表

工序 3 右端轮廓加工	程序注释
O0001	程序名：车削外轮廓表面
G40 G97 G99	取消刀具半径补偿，取消恒线速度控制，每转进给
M03 S800	主轴正转，转速 800 r/min
T0202 M08	换 2 号外圆车刀，导入 2 号刀补，切削液开
G00 X56 Z2	刀具快速定位，到达待切削位置
G71 U2 R1	复合循环加工指令 G71 加工工件外轮廓
G71 P1 Q2 U0.5 W0.05 F0.2	
N1 G0 X9	精车程序起始段
G01 X16 Z -1.5	
G01 Z -10	
X20 C1	
Z -20 R10	
X31.55 Z -30	
X38	
X40 W -1	
N2 X56	精车程序终止段
G00 X100 Z100	快速退刀
M09	切削液关
M05	主轴停止
M00	程序暂停
T0202 M08	（修改刀补后）重新调用 2 号刀具刀补，切削液开
M03 S1000	主轴正转，转速 1 000 r/min
G00 X56 Z2	快速定位
G70 P1 Q2 F0.1	精加工指令
G00 X100 Z100	快速退刀
M09	切削液关
M05	主轴停止
M30	程序结束并返回到程序开始处
O0002	程序名：车削退刀槽
加工部位轮廓图	

续表

工序3 右端轮廓加工	程序注释
O0002	程序名：车削退刀槽
G40 G97 G99 M03 S400 T0404 M08 G00 X25 Z－10 G01 X12 F0.1 X16 W1 U－2 W－1 G00 X100 Z100 M09 M05 M30	取消刀具半径补偿，取消恒线速度控制，每转进给 主轴正转，转速400 r/min 换4号切槽刀，导入4号刀补 切削液开 刀具快速定位，到达待切削位置 切槽 退刀 向Z正向移动1 mm 倒斜角 快速退刀 切削液关 主轴停止 程序结束并返回到程序开始处
O0003	程序名：车削外螺纹
加工部位轮廓图	

G40 G97 G99
M03 S600
T0303
M08
G00 X20 Z5
G92 X15.2 Z－8 F1.5
    X14.6
    X14.2
    X14.1
    X14
G00 X100
Z100
M09
M05
M30
	取消刀具半径补偿，取消恒线速度控制，每转进给
	主轴正转，转速600 r/min
	换3号外螺纹车刀，导入3号刀补
	切削液开
	刀具快速定位，到达待切削位置
	单一固定循环螺纹加工指令G92加工螺纹
	
	快速退刀
	
	切削液关
	主轴停止
	程序结束并返回到程序开始处

C06 零件工序 4 数控加工程序见表 1-6-7。

表 1-6-7 左端轮廓加工程序

工序 4 左端轮廓加工	程序注释
O0004	程序名：车削右端面
加工部位轮廓图	
G40 G97 G99	取消刀具半径补偿，取消恒线速度控制，每转进给
M03 S800	主轴正转，转速 800 r/min
T0202 M08	换 2 号外圆车刀，导入 2 号刀补，切削液开
G00 X55 Z5	刀具快速定位，到达待切削位置
G94 X0 Z4 F0.2	端面切削循环指令 G94
Z3	
Z2	
Z1	
Z0.5	
G00 X100 Z100	快速退刀
M09	切削液关
M05	主轴停止
M00	程序暂停
T0202	（修改刀补后）重新调用 2 号刀具刀补
M08	切削液开
M03 S1000	主轴正转，转速 1 000 r/min
G00 X55 Z2	刀具快速定位，到达待切削位置
G94 X0 Z0 F0.1	精加工指令
M09	切削液关
M05	主轴停止
M30	程序结束并返回到程序开始处

续表

工序 4 左端轮廓加工	程序注释
O0005	程序名：车削内轮廓表面
加工部位轮廓图	
G40 G97 G99	取消刀具半径补偿，取消恒线速度控制，每转进给
M03 S800	主轴正转，转速 800 r/min
T0101 M08	换 1 号内孔车刀，导入 1 号刀补，切削液开
G00 X13 Z2	刀具快速定位，到达待切削位置
G71 U1 R1	复合循环加工指令 G71 加工工件外轮廓
G71 P1 Q2 U−0.5 W0.05 F0.2	
N1 G0 X36	精车程序起始段
G01 X30 Z−1	
Z−21.3	
G02 X20 W−8.66 R10	
G03 X14 W−8.66 R10	
G01 Z−45	
N2 X13	精车程序终止段
G00 X100 Z100	快速退刀
M09	切削液关
M05	主轴停止
M00	程序暂停
T0101	（修改刀补后）重新调用 1 号刀具刀补，切削液开
M03 S1000	主轴正转，转速 1 000 r/min
G00 X13 Z2	快速定位
G70 P1 Q2 F0.1	精加工指令
G00 X100 Z100	快速退刀
M09	切削液关
M05	主轴停止
M30	程序结束并返回到程序开始处

续表

工序4 左端轮廓加工	程序注释
O0006	程序名：车削内孔槽
加工部位轮廓图	
G40 G97 G99	取消刀具半径补偿，取消恒线速度控制，每转进给
M03 S400	主轴正转，转速 400 r/min
T0303	换5号内孔槽刀，导入5号刀补
M08	切削液开
G00 X27	刀具快速定位，到达待切削位置
Z-15	
G01 X34 F0.1	车内孔槽
G00 X27	退刀
Z100	
M09	切削液关
M05	主轴停止
M30	程序结束并返回到程序开始处
O0007	程序名：车削外轮廓
加工部位轮廓图	

续表

工序 4 左端轮廓加工	程序注释
O0007	程序名：车削外轮廓
G40 G97 G99	取消刀具半径补偿，取消恒线速度控制，每转进给
M03 S800	主轴正转，转速 800 r/min
T0101 M08	换 2 号外圆车刀，导入 2 号刀补，切削液开
G00 X56 Z2	刀具快速定位，到达待切削位置
G73 U10 W0 R10	G73 为仿形加工指令
G73 P1 Q2 U0.5 F0.2	
N1 #1 = 10	精车程序起始段
#2 = 5	
#3 = 10	
WHILE[#3 GE -10] DO1	WHILE 条件变量 3 大于等于 -10 时进入循环，否则跳出循环
#4 = 5 * SQRT[#1 * #1 - #3 * #3]/10	
G01 X[40 + 2 * #4] Z[#3 - 10]F0.1	
#3 = #3 - 0.5	
END1	WHILE 循环结束
N2 G01 Z -42 F0.2	精车程序终止段
G00 X100	快速退刀
Z100	
M09	切削液关
M05	主轴停止
M00	程序暂停
T0101	（修改刀补后）重新调用 2 号刀具刀补
M08	主轴正转，转速 1 300 r/min
M03 S1300	切削液开
G00 X56 Z2	刀具快速定位，到达待切削位置
G70 P1 Q2 F0.1	精加工指令
G00 X100	快速退刀
Z100	
M09	切削液关
M05	主轴停止
M30	程序结束并返回到程序开始处

1.6.5 零件加工实施方案答辩

本任务要求以小组为单位提交项目实施方案（内容包括图纸分析过程、零件加工准备过程、加工工艺制定及程序编制过程），纸质一份＋电子稿一份，每一小组选择一名同学作为主讲人介绍项目实施方案，小组所有成员参加答辩，答辩成绩将占总成绩的 10%。

零件加工实施方案答辩评分表见表1-6-8。

表1-6-8 零件加工实施方案答辩评分表

姓名		班级		组号	
零件名称	数控车复杂零件（C06）		工件编号		C06
内容	具体方案	评分细则		得分	总分
陈述阶段	小组成员不限制人员，陈述时间5 min	内容叙述完整、正确（最高3分）			
		形象风度，有无亲和力（最高2分）			
		语言表达流畅（最高1分）			
答辩阶段	针对小组陈述内容，教师可提出问题，依据小组成员回答情况给予评分	回答问题正确度、完整度、清晰度、是否有说服力（最高4分）			

1.6.6 零件加工过程实施

CAK5085di 数控车床设备相关操作参考项目4。零件加工实施过程见表1-6-9。

表1-6-9 零件加工过程实施表

零件加工实施步骤	零件加工实施内容
（1）机床上下电操作	见任务1.1
（2）毛坯检测	见任务1.1
（3）手动车削右端面	
（4）车削外轮廓表面	
（5）车削退刀槽	
（6）车削外螺纹	
（7）车削左端面	
（8）预钻中心孔	
（9）预钻φ14 mm孔	
（10）车削内轮廓表面	
（11）车削内孔槽	
（12）车削外轮廓	

C06 零件加工过程

1.6.7 零件加工质量评价

1. 零件测量自评

在零件自检测分表1-6-10中自评结果处填入尺寸测量结果，不填不得分。

表1-6-10 零件自检评分表

姓名			班级			组号	
零件名称		数控复杂零件（C06）		工件编号		C06	
序号	考核项目	检测项目	配分	评分标准	自评结果	互评结果	得分
1	形状 （24分）	外轮廓	10	外轮廓形状与图纸不符，每处扣2分			
2		C1	2	是否倒角，每1分			
3		60°锥孔	2	是否有特征			
4		$R10$ mm	3	是否圆角，每处1分			
5		椭圆面	4	是否椭圆面			
6		M16 螺纹	4	是否有特征			
7	尺寸精度 （60分）	$\phi(20\pm0.02)$ mm	12	超差不得分			
8		$\phi(30\pm0.02)$ mm	12	超差不得分			
9		$\phi(40\pm0.02)$ mm	12	超差不得分			
10		40 mm ± 0.05 mm	8	超差不得分			
11		70 mm ± 0.05 mm	8	超差不得分			
12		$\phi12$ mm	4	超差不得分（±0.5）			
13		4 mm	4	超差不得分（±0.5）			
14	表面粗糙度 （16分）	$Ra3.2$ μm	16	降一级不得分			
15		碰伤、划伤		每处扣1~2分（只扣分，不得分）			
配分合计			100	得分合计			
教师签字				检测签字			

2. 零件测量互评

在零件互检评分表1-6-11中互评结果处填入尺寸测量结果，不填不得分。

表 1-6-11 零件互检评分表

姓名		班级		组号		
零件名称	数控复杂零件（C06）		工件编号		C06	
序号	考核项目	检测项目	配分	评分标准	自评结果	互评结果	得分
1	形状（24分）	外轮廓	10	外轮廓形状与图纸不符，每处扣2分			
2		C1	2	是否倒角，每1分			
3		60°锥台	2	是否有特征			
4		R10 mm	3	是否圆角，每处1分			
5		椭圆面	4	是否椭圆面			
6		M16 螺纹	4	是否有特征			
7	尺寸精度（60分）	$\phi(20\pm0.02)$ mm	12	超差不得分			
8		$\phi(30\pm0.02)$ mm	12	超差不得分			
9		$\phi(40\pm0.02)$ mm	12	超差不得分			
10		40 mm ± 0.05 mm	8	超差不得分			
11		70 mm ± 0.05 mm	8	超差不得分			
12		ϕ12 mm	4	超差不得分（±0.5）			
13		4 mm	4	超差不得分（±0.5）			
14	表面粗糙度（16分）	Ra3.2 μm	16	降一级不得分			
15	碰伤、划伤			每处扣1~2分（只扣分，不得分）			
配分合计			100	得分合计			
教师签字				检测签字			

1.6.8 任务实施总结与反思

任务实施总结与反思见表 1-6-12。

项目1 数控车削加工

表1-6-12 任务实施总结与反思

姓名		班级		组号		
零件名称		数控车复杂零件（C06）				
评价项目	评价内容	评价效果				
		非常满意	满意	基本满意	不满意	
知识能力	能够正确识别图纸，并分析出工件尺寸的加工精度					
	能正确填写工艺卡片					
	能正确掌握工件加工精度控制方法					
	能正确掌握工件加工精度检验方法					
技术能力	能够穿好工作服，并按照操作规程的要求正确操作机床					
	能正确掌握量具、工具的使用，并做到轻拿轻放					
	能够根据图样正确分析零件加工工艺路线，并制定工艺文件					
	能够根据工艺文件正确编制数控加工程序					
	能够正确加工出合格零件					
素质能力	能够与团队成员做到良好的沟通，并积极完成组内任务					
	任务实施中能用流畅的语言，清楚地表达自己的观点					
	能正确反馈任务实施过程遇到的困难，寻求帮助，并努力克服解决					

注：任务实施所有相关表单请扫描下方二维码下载获取，以便教师与学生在任务实施中使用。

C06 零件任务实施相关表单

项目2　数控铣削加工

项目导读

知识目标

1. 掌握数控铣削零件图纸的基本分析方法；
2. 掌握数控铣床常用刀具的选用以及板类零件加工工艺路线的制定方法；
3. 掌握数控铣床零件工艺卡片的制定过程与制定方法；
4. 了解并掌握数控铣床加工零件的数控程序编制过程及编制方法；
5. 了解并掌握数控铣床加工零件的加工过程、加工精度控制及检验方法。

技能目标

1. 能遵守铣床安全操作规程，并能规范操作数控铣床；
2. 能够正确使用数控铣床加工过程中的常用工具及量具；
3. 能够正确分析并制定数控铣削加工工艺路线，能够识读并制定数控铣床加工工艺文件；
4. 能合理选择和安装数控铣床常用刀具，并确定切削用量；
5. 能编制一般数控铣床零件的数控加工程序；
6. 能够根据图纸要求加工出合格的零件；
7. 会对数控铣床常用的工具、夹具、量具及数控铣床进行日常维护和保养；
8. 能够对数控铣削加工的经济性及零件加工质量做出正确分析。

素质目标

1. 通过项目实践教学方式，采取教、学、做一体化的方式培养学生积极、主动、健康的学习态度，以及具有爱岗敬业、团结协作、吃苦耐劳的职业素质和严谨踏实的工作作风。
2. 养成良好的安全生产意识和环境保护意识，具备积极的人生态度及开拓创新、团队合作和勇于克服学习障碍的精神。

项目2 数控铣削加工

项目描述

数控铣削加工是数控加工从业者必备的重要技能之一。项目选用六个数控铣削零件作为任务，分别为 X01、X02 简单零件，X03、X04 中等零件以及 X05、X06 复杂零件。每个任务都要求学生能够完成零件图纸分析，根据图纸选用正确的零件毛坯、加工设备、夹具以及量具，然后制定出零件的加工工艺，根据图纸以及制定出的零件加工工艺编制出数控加工程序，再将程序导入已选用的加工设备，完成零件的加工操作以及加工过程中零件的质量控制，最后用选用的量具完成对零件的加工精度检验。

任务 2.1　数控铣认知任务——X01 零件加工

学习情景描述

在教师的组织安排下学生分小组完成 X01 零件的数控铣削加工。

学习目标

（1）熟悉一般型腔类零件数控加工工艺的制定内容与制定过程；
（2）熟悉 G81 钻孔循环指令格式的用法；
（3）熟悉 Z 方向分层切削时用宏程序变量控制铣削深度的方法；
（4）熟悉刀具长度补偿指令 G43 以及刀具半径补偿指令 G41 的用法；
（5）能够正确选择平面铣削、型腔铣削以及钻孔时刀具的几何参数与切削用量；
（6）熟悉零件加工过程中的数控铣床操作方法以及零件加工质量精度控制方法；
（7）车间卫生及机床的保养要符合现代 7S 管理目标（整理、整顿、清扫、清洁、素养、安全、节约）。

2.1.1　零件图样分析

分析如图 2-1-1 所示零件的轮廓特征、尺寸精度、形位公差、技术要求和零件材料等。

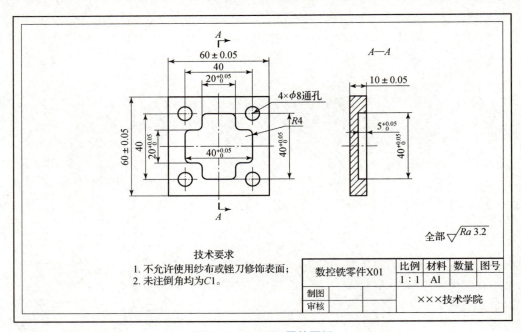

图 2-1-1　X01 零件图纸

2.1.2 学生任务分组

任务实施时,3~6人一组,学生自由组队完成任务分组。从零件图分析、加工过程准备、加工工艺与程序制定、零件加工实施方案答辩、零件加工过程实施、零件加工质量评价、任务实施总结和反思等几个方面,以小组为单位完成任务实施。学生任务分组表见表2-1-1。

表2-1-1 学生任务分组表

班级		组号		指导老师	
组长		学号			
组员	姓名	学号	姓名	学号	备注
任务分工					

2.1.3 加工过程准备

1. 毛坯选择

材质:Al 板材;规格:毛坯选择:65×65×15(mm)。

2. 设备选择

零件加工设备选择表见表2-1-2。

表2-1-2 零件加工设备选择表

姓名		班级		组号	
零件名称		数控铣认知零件(X01)			
工序内容	设备型号	夹具要求	主要加工内容		
1. 顶面轮廓加工	KV650	虎钳	1. 铣削顶面 2. 铣削型腔 3. 铣削60 mm×60 mm 外轮廓 4. 钻 ϕ8.5 mm 孔		
2. 底面轮廓加工	KV650	虎钳	5. 铣削底面		

3. 刀具选择

零件加工刀具选择见表 2 – 1 – 3。

表 2 – 1 – 3 零件加工刀具选择表

姓名		班级		组号	
零件名称	数控铣认知零件（X01）	毛坯材料		Al	
工步号	工步内容	刀具			
		类型	材料	规格/mm	
1	铣削顶面	平面铣刀	硬质合金（YT）	ϕ80	
2	铣削型腔	立铣刀	硬质合金（YT）	ϕ8	
3	铣削 60 mm×60 mm 外轮廓	立铣刀	硬质合金（YT）	ϕ8	
4	钻 ϕ8.5 mm 孔	钻头	高速钢	ϕ8.5	
5	铣削底面	平面铣刀	硬质合金（YT）	ϕ80	

4. 量具选择

零件加工量具选择见表 2 – 1 – 4。

表 2 – 1 – 4 零件加工量具选择表

姓名		班级		组号	
零件名称	数控铣认知零件（X01）	毛坯材料		Al	
序号		量具			
	类型	规格/mm		测量内容/mm	
1	游标卡尺	0~150		5, 10, 20, 40, 60	

2.1.4 加工工艺及程序制定

1. 加工工艺制备

零件机械加工工艺过程卡片见表 2 – 1 – 5。

2. 数控加工程序编制

X01 零件工序 3 数控加工程序见表 2 – 1 – 6。
X01 零件工序 4 数控加工程序见表 2 – 1 – 7。

表2-1-5 零件机械加工工艺过程卡片

姓名				班级				组号	
零件名称			数控铣认知零件（X01）		零件图号			X01	
毛坯									
材料牌号		种类			规格尺寸/mm			单件重量	
Al		板材			65×65×15				
工序号	工序名称	工步号	工序工步内容		设备名称型号	工艺装备			简图
						夹具	刀具	量具	
1	下料		下65×65×15(mm)板材		锯床				
2	检验		毛坯检验						
3	顶面轮廓加工	1	铣削顶面		KV650	虎钳	见表2-1-3	见表2-1-4	
		2	铣削型腔						
		3	铣削60 mm×60 mm外轮廓						
		4	钻φ8.5 mm孔						
4	底面加工	5	铣削底面		KV650	虎钳			
5	检验		成品检验						

表2-1-6 工序3数控加工程序表

工序3 顶面轮廓加工	程序注释
O0001	程序名：铣削顶面
加工部位轮廓图	

续表

工序 3 顶面轮廓加工	程序注释
O0001	程序名：铣削顶面
G90 G49 G54	绝对编程，取消长度补偿，用 G54 坐标系
M3 S1000	主轴正转，转速为 1 000 r/min
G00 X-85 Y0. M08	快速定位，冷却液开
G43 Z10 H1	调用 1 号长度补偿
G01 Z0 F1000	下刀到位
X85 F200	切削
G00 Z20. M09	退刀，冷却液关
G49 Z200 M05	取消刀具长度补偿，主轴停
M30	程序结束
O0002	程序名：铣削型腔
加工部位轮廓图	
G90 G49 G54	绝对编程，取消长度补偿，用 G54 坐标系
M3 S1000	主轴正转，转速为 1 000 r/min
G00 X0 Y0. M08	快速定位，冷却液开
G43 Z10 H1	调用 1 号长度补偿
G01 Z2 F1000	快速定位
Z-5 F30	下刀
G41 X20 D01 F100	调用半径补偿，导入 1 号刀补
Y10	加工轮廓
X10 R4	
Y20	
X-10	
Y10 R4	
X-20	
Y-10	
X-10 R4	
Y-40	

续表

工序 3 顶面轮廓加工	程序注释
O0002	程序名：铣削型腔
X10 Y－10 R4 X40 Y2 G01 Z20 F1000 G0 G40 X0 Y0 M09 G49 Z200 M05 M30	 退刀 取消半径补偿，冷却液关 取消刀具长度补偿，主轴停 程序结束
O0003	程序名：铣削 60 mm×60 mm 外轮廓
加工部位轮廓图	
G90 G49 G54 M3 S1000 G00 X－50 Y－50. M08 G43 Z10 H1 #1 = 1 WHILE [#1LE10] DO1 G01Z－#1F1000 G41 X－30 Y－40 D01 F100 Y30 X30 Y－30 X－40 G40 G00 X－50 Y－50. #1 = #1 + 1 END1 G0 Z50 F1000 G0 G40 X0 Y0 M09 G49 Z200 M05 M30	绝对编程，取消长度补偿，用 G54 坐标系 主轴正转，转速 1 000 r/min 快速定位，冷却液开 调用 1 号长度补偿 给变量#1 赋值 判断当#1 小于等于 10 时，执行 DO1 到 END 之间的程序 下刀 调用半径补偿，导入 1 号刀补， 加工轮廓 变量#1 加 1 循环结束号 退刀 取消半径补偿，冷却液关 取消刀具长度补偿，主轴停 程序结束

续表

工序 3 顶面轮廓加工	程序注释
O0004	程序名：钻孔
加工部位轮廓图	
G90 G49 G54	绝对编程，取消长度补偿，用 G54 坐标系
M3 S700	主轴正转，转速为 700 r/min
G00 X20 Y20 M08	快速定位，冷却液开
G43 Z20 H1	调用 1 号长度补偿
G98 G81 R3 Z−15 F30	调用钻孔循环
X−20	孔位置坐标
Y−20	
X20	
G80	取消钻孔循环
G00 Z20. M09	退刀，冷却液关
G49 Z200 M05	取消刀具长度补偿，主轴停
M30	程序结束

表 2-1-7 工序 4 数控加工程序表

工序 4：底面轮廓加工	程序注释
O0004	程序名：铣削底面
加工部位轮廓图	

续表

工序4：顶面轮廓加工	程序注释
O0004	程序名：铣削底面
G90 G49 G54	绝对编程，取消长度补偿，用G54坐标系
M3 S1000	主轴正转，转速为1 000 r/min
G00 X-85 Y0. M08	快速定位，冷却液开
G43 Z5 H1	调用1号长度补偿
#1 = 1	给变量#1赋值
WHILE［#1LE5］DO1	判断当#1小于等于5时，执行DO1到END之间的程序
G01 Z-#1 F1000	下刀
X85 F100	加工轮廓
G00 Z50	
X-85	
#1 = #1 + 1	变量#1加1
END1	循环结束号
G0 Z50 F1000	退刀
G0 G40 X0 Y0	取消半径补偿
G49 Z200	取消刀具长度补偿
M09	冷却液关
M05	主轴停
M00	程序停止
G54	用G54坐标系
M03 S1500	主轴正转，转速为1 500 r/min
G00 X-85 Y0. M08	快速定位，冷却液开
G43 Z0 H1	调用1号长度补偿
G01 X85 F100	加工轮廓
G00 Z50	退刀
G0 G40 X0 Y0	取消半径补偿
G49 Z200	取消刀具长度补偿
M09	冷却液关
M05	主轴停
M30	程序结束

2.1.5 零件加工实施方案答辩

要求以小组为单位提交项目实施方案（内容包括图纸分析过程、零件加工准备过程、加工工艺制定及程序编制过程），纸质一份+电子稿一份，每一小组选择一名同学作为主讲人介绍项目实施方案，小组所有成员整体接受提问答辩，答辩成绩将占总成绩的 10%。

零件加工实施方案答辩评分见表 2-1-8。

表 2-1-8　零件加工实施方案答辩评分表

姓名		班级		组号	
零件名称	数控铣认知零件（X01）		工件编号	X01	
内容	具体方案	评分细则		得分	总分
陈述阶段	小组成员不限制人员，陈述时间 5 min	内容叙述完整、正确（3 分）			
		形象风度，有无亲和力（2 分）			
		语言表达流畅（1 分）			
答辩阶段	针对小组陈述环节，教师可随机提出问题，依据小组成员回答情况计算得分	回答问题正确度、完整度、清晰度、是否有说服力（4 分）			

2.1.6　零件加工过程实施

KV650 数控铣床设备相关操作参见项目 5。零件加工实施过程见表 2-1-9。

表 2-1-9　零件加工过程实施表

零件加工实施步骤	零件加工实施内容
（1）数控铣床上下电操作	
（2）数控铣床返回参考点操作	
（3）毛坯检测	

续表

零件加工实施步骤	零件加工实施内容
（4）刀具装夹	(二维码)
（5）零件装夹	(二维码)
（6）顶面轮廓程序输入与校验	(二维码)
（7）顶面轮廓加工对刀操作	(二维码)
（8）顶面轮廓程序运行，加工操作	(二维码)
（9）顶面轮廓加工尺寸检测与精度补偿控制	(二维码)
（10）掉头装夹	见步骤（5）二维码
（11）底面程序输入与校验	见步骤（6）二维码
（12）底面加工对刀操作	见步骤（7）二维码
（13）底面程序运行，加工操作	见步骤（8）二维码
（14）底面加工尺寸检测与精度补偿控制	见步骤（9）二维码
（15）零件加工精度检测	(二维码)

2.1.7 零件加工质量评价

1. 零件测量自评

在零件自检评分表 2-1-10 中自评结果处填入尺寸测量结果，不填不得分。

表 2-1-10 零件自检评分表

姓名		班级			组号		
零件名称		数控铣认知零件（X01）		工件编号		X01	
序号	考核项目	检测项目	配分	评分标准	自评结果	互评结果	得分
1	形状 (20 分)	外轮廓	8	外轮廓形状与图纸不符，每处扣 2 分			
2		$R4$ mm	12	是否圆角，每处 1 分			
3	尺寸精度 (64 分)	60 mm ± 0.05 mm	6	超差不得分			
4		60 mm ± 0.05 mm	6	超差不得分			
5		$40_{0}^{+0.05}$ mm	10	超差不得分			
6		$40_{0}^{+0.05}$ mm	10	超差不得分			
7		$20_{0}^{+0.05}$ mm	10	超差不得分			
8		$20_{0}^{+0.05}$ mm	10	超差不得分			
9		10 mm ± 0.05 mm	6	超差不得分			
10		$5_{0}^{+0.05}$ mm	6	超差不得分			
11	表面粗糙度 (16 分)	$Ra3.2$ μm	16	降一级不得分			
12	碰伤、划伤			每处扣 1~2 分（只扣分，不得分）			
配分合计			100	得分合计			
教师签字				检测签字			

2. 零件测量互评

在零件互检评分表 2-1-11 中互评结果处填入尺寸测量结果，不填不得分。

表 2–1–11　零件互检评分表

姓名		班级			组号	
零件名称	数控铣认知零件（X01）		工件编号		X01	
序号	考核项目	检测项目	配分	评分标准	自评结果	互评结果	得分
1	形状 (20 分)	外轮廓	8	外轮廓形状与图纸不符，每处扣 2 分			
2		$R4$ mm	12	是否圆角，每处 1 分			
3	尺寸精度 (64 分)	60 mm ± 0.05 mm	6	超差不得分			
4		60 mm ± 0.05 mm	6	超差不得分			
5		$40_0^{+0.05}$ mm	10	超差不得分			
6		$40_0^{+0.05}$ mm	10	超差不得分			
7		$20_0^{+0.05}$ mm	10	超差不得分			
8		$20_0^{+0.05}$ mm	10	超差不得分（±0.5）			
9		10 mm ± 0.05 mm	6	超差不得分			
10		$5_0^{+0.05}$ mm	6	超差不得分			
11	表面粗糙度 (16 分)	$Ra3.2$ μm	16	降一级不得分			
12	碰伤、划伤			每处扣 1~2 分（只扣分，不得分）			
配分合计			100	得分合计			
教师签字				检测签字			

2.1.8　任务实施总结与反思

任务实施总结与反思见表 2–1–12。

表 2–1–12　任务实施总结与反思

姓名		班级			组号	
零件名称		数控车认知零件（X01）				
评价项目		评价内容	评价效果			
			非常满意	满意	基本满意	不满意
知识能力		能够正确识别图纸，并分析出工件尺寸的加工精度				

续表

评价项目	评价内容	评价效果			
		非常满意	满意	基本满意	不满意
知识能力	能正确填写工艺卡片				
	能正确掌握工件加工精度控制方法				
	能正确掌握工件加工精度检验方法				
技术能力	能够穿好工作服,并按照操作规程的要求正确操作机床				
	能正确掌握量具、工具的使用,并做到轻拿轻放				
	能够根据图样正确分析零件加工工艺路线,并制定工艺文件				
	能够根据工艺文件正确编制数控加工程序				
	能够正确加工出合格零件				
素质能力	能够与团队成员做到良好的沟通,并积极完成组内任务				
	任务实施中能用流畅的语言,清楚地表达自己的观点				
	能正确反馈任务实施过程遇到的困难,寻求帮助,并努力克服解决				

注:任务实施所有相关表单请扫描下方二维码下载获取,以便教师与学生在任务实施中使用。

X01 零件任务实施相关表单

任务 2.2　数控铣认知任务——X02 零件加工

学习情景描述

在教师的组织安排下学生分小组完成 X02 零件的数控铣削加工。

学习目标

(1) 熟悉一般凸台类零件数控加工工艺的制定内容与制定过程；
(2) 掌握 G81 钻孔循环指令格式的用法；
(3) 掌握 Z 方向分层切削时用宏程序变量控制铣削深度的方法；
(4) 掌握刀具长度补偿指令 G43 以及刀具半径补偿指令 G41 的用法；
(5) 能够正确选择平面铣削、凸台铣削以及钻孔时刀具的几何参数与切削用量；
(6) 掌握零件加工过程中的数控铣床操作方法以及零件加工质量精度控制方法；
(7) 车间卫生及机床的保养要符合现代 7S 管理目标（整理、整顿、清扫、清洁、素养、安全、节约）。

2.2.1　零件图样分析

分析如图 2-2-1 所示零件的轮廓特征、尺寸精度、形位公差、技术要求和零件材料等。

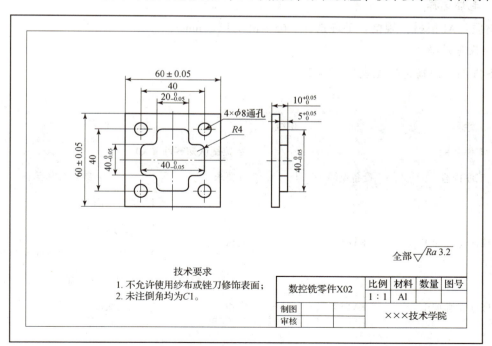

图 2-2-1　X02 零件图纸

2.2.2 学生任务分组

任务实施时,3~6人一组,学生自由组队完成任务分组。从零件图分析、加工过程准备、加工工艺与程序制定、零件加工实施方案答辩、零件加工过程实施、零件加工质量评价、任务实施总结和反思等几个方面,以小组为单位完成任务实施。学生任务分组见表2-2-1。

表2-2-1 学生任务分组表

班级		组号		指导老师	
组长		学号			
组员	姓名	学号	姓名	学号	备注
任务分工					

2.2.3 加工过程准备

1. 毛坯选择

材质:Al板材;规格:毛坯选择:65×65×15(mm)。

2. 设备选择

零件加工设备选择见表2-2-2。

表2-2-2 零件加工设备选择表

姓名		班级		组号	
零件名称		数控铣认知零件(X02)			
工序内容	设备型号	夹具要求	主要加工内容		
1. 顶面轮廓加工	KV650	虎钳	1. 铣削顶面 2. 铣削凸台 3. 铣削60 mm×60 mm外轮廓 4. 钻ϕ8.5 mm孔		
2. 底面轮廓加工	KV650	虎钳	5. 铣削底面		

3. 刀具选择

零件加工刀具选择见表 2-2-3。

表 2-2-3 零件加工刀具选择表

姓名		班级		组号	
零件名称	数控铣认知零件（X02）	毛坯材料		Al	
工步号	工步内容	刀具			
		类型	材料	规格/mm	
1	铣削顶面	平面铣刀	硬质合金（YT）	φ80	
2	铣削凸台	立铣刀	硬质合金（YT）	φ8	
3	铣削 60 mm×60 mm 外轮廓	立铣刀	硬质合金（YT）	φ8	
4	钻 φ8.5 mm 孔	钻头	高速钢	φ8.5	
5	铣削底面	平面铣刀	硬质合金（YT）	φ80	

4. 量具选择

零件加工量具选择见表 2-4-4。

表 2-2-4 零件加工量具选择表

姓名		班级		组号	
零件名称	数控铣认知零件（X02）	毛坯材料		Al	
序号		量具			
	类型	规格/mm	测量内容/mm		
1	游标卡尺	0~150	5，10，60		
2	外径千分尺	0~25	20		
3	外径千分尺	25~50	40		

2.2.4 加工工艺及程序制定

1. 加工工艺制备

零件机械加工工艺过程卡片见表 2-2-5。

2. 数控加工程序编制

X02 零件工序 3 的数控加工程序见表 2-2-6。

表2-2-5 零件机械加工工艺过程卡片

姓名			班级				组号	
零件名称			数控铣认知零件（X02）		零件图号		X02	
毛坯								
材料牌号		种类		规格尺寸/mm			单件重量	
Al		板材		65×65×15				
工序号	工序名称	工步号	工序工步内容	设备名称型号	工艺装备			简图
					夹具	刀具	量具	
1	下料		下65×65×15(mm)板材	锯床				
2	检验		毛坯检验					
3	顶面轮廓加工	1	铣削顶面	KV650	虎钳	见表2-2-3	见表2-2-4	
		2	铣削凸台					
		3	铣削60 mm×60 mm外轮廓					
		4	钻φ8.5 mm孔					
4	底面加工	4	铣削底面	KV650	虎钳			
5	检验		成品检验					

表2-2-6 工序3数控加工程序表

工序3 顶面轮廓加工	程序注释
O0001	程序名：铣削顶面
加工部位轮廓图	

续表

工序 3 顶面轮廓加工	程序注释
O0001	程序名：铣削顶面
G90 G49 G54	绝对编程，取消长度补偿，用 G54 坐标系
M3 S1000	主轴正转，转速为 1 000 r/min
G00 X-85 Y0. M08	快速定位，冷却液开
G43 Z10 H1	调用 1 号长度补偿
G01 Z0 F1000	下刀到位
X85 F200	切削
G00 Z20. M09	退刀，冷却液关
G49 Z200 M05	取消刀具长度补偿，主轴停
M30	程序结束
O0002	程序名：铣削凸台
加工部位轮廓图	
G90 G49 G54	绝对编程，取消长度补偿，用 G54 坐标系
M3 S1000	主轴正转，转速为 1 000 r/min
G00 X-40 Y-40. M08	快速定位，冷却液开
G43 Z10 H1	调用 1 号长度补偿
#1 = 1	给变量#1 赋值
WHILE [#1LE10] DO1	判断当#1 小于等于 10 时，执行 DO1 到 END 之间的程序
G01 Z-#1 F1000	下刀
G41 X-20 Y-20 D01 F100	调用半径补偿，导入 1 号刀补
Y10 R4	加工轮廓
X-10	
Y20 R4	
X10 R4	
Y10	
X20 R4	
Y-10 R4	
X10	
Y-20 R4	
X-10 R4	

续表

工序 3 顶面轮廓加工	程序注释
O0002	程序名：铣削凸台
Y-10	
X-20 R4	
Y15	
G40 G00 X-40 Y-40.	取消半径补偿
#1=#1+1	变量#1 加 1
END1	循环结束号
G01 Z20 F1000	退刀
G0 G40 X0 Y0 M09	取消半径补偿，冷却液关
G49 Z200 M05	取消刀具长度补偿，主轴停
M30	程序结束
O0003	程序名：铣削 60 mm×60 mm 外轮廓
加工部位轮廓图	
G90 G49 G54	绝对编程，取消长度补偿，用 G54 坐标系
M3 S1000	主轴正转，转速为 1 000 r/min
G00 X-50 Y-50. M08	快速定位，冷却液开
G43 Z10 H1	调用 1 号长度补偿
#1=1	给变量#1 赋值
WHILE［#1LE10］DO1	判断当#1 小于等于 10 时，执行 DO1 到 END 之间的程序
G01 Z-#1 F1000	下刀
G41 X-30 Y-40 D01 F100	调用半径补偿，导入 1 号刀补
Y30	加工轮廓
X30	
Y-30	
X-40	
G40 G00 X-50 Y-50.	取消半径补偿
#1=#1+1	变量#1 加 1
END1	循环结束号
G0 Z50 F1000	退刀
G0 G40 X0 Y0 M09	取消半径补偿，冷却液关
G49 Z200 M05	取消刀具长度补偿，主轴停
M30	程序结束

续表

工序3 顶面轮廓加工	程序注释
O0004	程序名：钻孔
加工部位轮廓图	
G90 G49 G54	绝对编程，取消长度补偿，用G54坐标系
M3 S700	主轴正转，转速为 700 r/min
G00 X20 Y20 M08	快速定位，冷却液开
G43 Z20 H1	调用1号长度补偿
G98 G81 R3 Z-15 F30	调用钻孔循环
X-20	孔位置坐标
Y-20	
X20	
G80	取消钻孔循环
G00 Z20. M09	退刀，冷却液关
G49 Z200 M05	取消刀具长度补偿，主轴停
M30	程序结束

X02 零件工序4的数控加工程序见表2-2-7。

表2-2-7 工序4数控加工程序表

工序4 零件底面轮廓加工	程序注释
O0005	程序名：铣削底面
加工部位轮廓图	

续表

工序 4 零件底面轮廓加工	程序注释
O0005	程序名：铣削底面
G90 G49 G54	绝对编程，取消长度补偿，用 G54 坐标系
M3 S1000	主轴正转，转速为 1 000 r/min
G00 X－85 Y0. M08	快速定位，冷却液开
G43 Z5 H1	调用 1 号长度补偿
#1 = 1	给变量#1 赋值
WHILE［#1LE5］DO1	判断当#1 小于等于 5 时，执行 DO1 到 END 之间的程序
G01 Z－#1 F1000	下刀
X85 F100	加工轮廓
G00 Z50	
X－85	
#1 = #1 + 1	变量#1 加 1
END1	循环结束号
G0 Z50 F1000	退刀
G0 G40 X0 Y0	取消半径补偿
G49 Z200	取消刀具长度补偿
M09	冷却液关
M05	主轴停
M00	程序停止
G54	用 G54 坐标系
M03 S1500	主轴正转，转速为 1 500 r/min
G00 X－85 Y0. M08	快速定位，冷却液开
G43 Z0 H1	调用 1 号长度补偿
G01 X85 F100	加工轮廓
G00 Z50	退刀
G0 G40 X0 Y0	取消半径补偿
G49 Z200	取消刀具长度补偿
M09	冷却液关
M05	主轴停
M30	程序结束

2.2.5　零件加工实施方案答辩

要求以小组为单位提交项目实施方案（内容包括图纸分析过程、零件加工准备过程、加工工艺制定及程序编制过程），纸质一份＋电子稿一份，每一小组选择一名同学作为主讲人介绍项目实施方案，小组所有成员整体接受提问答辩，答辩成绩将占总成绩的 10%。

零件加工实施方案答辩评分见表 2－2－8。

表 2-2-8　零件加工实施方案答辩评分表

姓名		班级		组号	
零件名称	数控铣认知零件（X02）		工件编号	X02	
内容	具体方案	评分细则		得分	总分
陈述阶段	小组成员不限制人员，陈述时间 5 min	内容叙述完整、正确（3分）			
		形象风度，有亲和力（2分）			
		语言表达流畅（1分）			
答辩阶段	针对小组陈述环节，教师可随机提出问题，依据小组成员回答情况计算得分	回答问题正确、完整、清晰、有说服力（4分）			

2.2.6　零件加工过程实施

KV650 数控铣床设备相关操作参见项目5。零件加工实施过程见表 2-2-9。

表 2-2-9　零件加工过程实施表

零件加工实施步骤	零件加工实施内容
（1）数控铣床上下电操作	
（2）数控铣床返回参考点操作	
（3）毛坯检测	
（4）刀具装夹	

续表

零件加工实施步骤	零件加工实施内容
（5）零件装夹	(二维码)
（6）顶面轮廓程序输入与校验	(二维码)
（7）顶面轮廓加工对刀操作	(二维码)
（8）启动自动运行，加工操作	(二维码)
（9）顶面轮廓加工尺寸检测与精度补偿控制	(二维码)
（10）掉头装夹	见步骤（5）二维码
（11）底面程序输入与校验	见步骤（6）二维码
（12）底面加工对刀操作	见步骤（7）二维码
（13）底面程序自动运行，加工操作	见步骤（8）二维码
（14）底面加工加工尺寸检测与精度补偿控制	见步骤（8）二维码
（15）零件加工精度检测	(二维码)

2.2.7 零件加工质量评价

1. 零件测量自评

在零件自检测评分表 2-2-10 中自评结果处填入尺寸测量结果,不填不得分。

表 2-2-10 零件自检评分表

姓名			班级			组号		
零件名称		数控铣认知零件（X02）		工件编号			X02	
序号	考核项目	检测项目	配分	评分标准		自评结果	互评结果	得分
1	形状 (20 分)	外轮廓	8	外轮廓形状与图纸不符,每处扣 2 分				
2		$R4$ mm	12	是否圆角,每处扣 1 分				
3	尺寸精度 (64 分)	60 mm ± 0.05 mm	6	超差不得分				
4		60 mm ± 0.05 mm	6	超差不得分				
5		$40_{-0.05}^{0}$ mm	10	超差不得分				
6		$40_{-0.05}^{0}$ mm	10	超差不得分				
7		$40_{-0.05}^{0}$ mm	10	超差不得分				
8		$20_{-0.05}^{0}$ mm	10	超差不得分				
9		$10_{0}^{+0.05}$ mm	6	超差不得分				
10		$5_{0}^{+0.05}$ mm	6	超差不得分				
11	表面粗糙度 (16 分)	$Ra3.2$ μm	16	降一级不得分				
12	碰伤、划伤			每处扣 1~2 分（只扣分,不得分）				
	配分合计		100	得分合计				
	教师签字			检测签字				

2. 零件测量互评

在零件检测评分表 2-2-11 中互评结果处填入尺寸测量结果,不填不得分。

表 2-2-11 零件互检评分表

姓名			班级		组号		
零件名称		数控铣认知零件（X02）		工件编号		X02	
序号	考核项目	检测项目	配分	评分标准	自评结果	互评结果	得分
1	形状 (20 分)	外轮廓	8	外轮廓形状与图纸不符，每处扣 2 分			
2		$R4$ mm	12	是否圆角，每处 1 分			
3	尺寸精度 (64 分)	$60 \text{ mm} \pm 0.05 \text{ mm}$	6	超差不得分			
4		$60 \text{ mm} \pm 0.05 \text{ mm}$	6	超差不得分			
5		$40_{-0.05}^{0}$ mm	10	超差不得分			
6		$40_{-0.05}^{0}$ mm	10	超差不得分			
7		$40_{-0.05}^{0}$ mm	10	超差不得分			
8		$20_{-0.05}^{0}$ mm	10	超差不得分			
9		$10_{0}^{+0.05}$ mm	6	超差不得分			
10		$5_{0}^{+0.05}$ mm	6	超差不得分			
11	表面粗糙度 (16 分)	$Ra3.2$ μm	16	降一级不得分			
12	碰伤、划伤			每处扣 1～2 分（只扣分，不得分）			
配分合计			100	得分合计			
教师签字				检测签字			

2.2.8 任务实施总结与反思

任务实施总结与反思见表 2-2-12。

表 2-2-12 任务实施总结与反思

姓名		班级			组号	
零件名称		数控铣认知零件（X02）				
评价项目	评价内容	评价效果				
		非常满意	满意	基本满意	不满意	
知识能力	能够正确识别图纸，并分析出工件尺寸的加工精度					

项目2 数控铣削加工

续表

评价项目	评价内容	评价效果			
		非常满意	满意	基本满意	不满意
知识能力	能正确填写工艺卡片				
	能正确掌握工件加工精度控制方法				
	能正确掌握工件加工精度检验方法				
技术能力	能够穿好工作服,并按照操作规程的要求正确操作机床				
	能正确掌握量具、工具的使用,并做到轻拿轻放				
	能够根据图样正确分析零件加工工艺路线,并制定工艺文件				
	能够根据工艺文件正确编制数控加工程序				
	能够正确加工出合格零件				
素质能力	能够与团队成员做到良好的沟通,并积极完成组内任务				
	任务实施中能用流畅的语言,清楚地表达自己的观点				
	能正确反馈任务实施过程遇到的困难,寻求帮助,并努力克服解决				

注:任务实施所有相关表单请扫描下方二维码下载获取,以便教师与学生在任务实施中使用。

X02 零件任务实施相关表单

任务 2.3 数控铣基础任务——X03 零件加工

学习情景描述

在教师的组织安排下学生分小组完成 X03 零件的数控铣削加工。

学习目标

（1）掌握一般凸台类零件数控加工工艺的制定内容与制定过程；
（2）掌握 G02 圆弧指令格式的用法；
（3）掌握刀具长度补偿指令 G43 以及刀具半径补偿指令 G41 的用法；
（4）能够正确选择平面铣削、轮廓铣削以及钻孔时刀具的几何参数与切削用量；
（5）掌握零件加工过程中数控铣床操作方法以及零件加工质量精度控制方法；
（6）车间卫生及机床的保养要符合现代 7S 管理目标（整理、整顿、清扫、清洁、素养、安全、节约）。

2.3.1 零件图样分析

分析如图 2-3-1 所示零件的轮廓特征、尺寸精度、形位公差、技术要求和零件材料等。

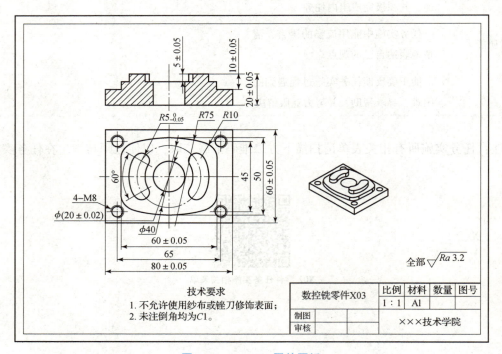

图 2-3-1 X03 零件图纸

2.3.2 学生任务分组

任务实施时，3~6人一组，学生自由组队完成任务分组。从零件图分析、加工过程准备、加工工艺与程序制定、零件加工实施方案答辩、零件加工过程实施、零件加工质量评价、任务实施总结和反思等几个方面，以小组为单位完成任务实施。学生任务分组见表2-3-1。

表2-3-1 学生任务分组表

班级			组号		指导老师	
组长			学号			
组员	姓名		学号	姓名	学号	备注
任务分工						

2.3.3 加工过程准备

1. 毛坯选择

材质：Al 板材；规格：毛坯选择：85×65×25（mm）。

2. 设备选择

零件加工设备选择见表2-3-2。

表2-3-2 零件加工设备选择表

姓名		班级		组号	
零件名称	数控铣基础零件（X03）				
工序内容	设备型号	夹具要求	主要加工内容		
1. 底面轮廓加工	KV650	虎钳	1. 铣削底面		
			2. 铣削 80 mm×60 mm 外轮廓		
2. 顶面轮廓加工	KV650	虎钳	3. 铣削顶面		
			4. 预钻 ϕ17.5 mm 孔		
			5. 铣削 ϕ20 mm 孔		
			6. 铣削 10 mm 凸台轮廓		
			7. 铣削 5 mm 凸台轮廓		
			8. 预钻 ϕ6.8 mm 孔		
			9. 攻 M8 螺纹		

3. 刀具选择

零件加工刀具选择见表 2-3-3。

表 2-3-3 零件加工刀具选择表

姓名		班级		组号	
零件名称	数控铣基础零件（X03）		毛坯材料		Al
工步号	工步内容	刀具			
		类型	材料	规格/mm	
1	铣削底面	平面铣刀	硬质合金（YT）	φ80	
2	铣削 80 mm×60 mm 外轮廓	立铣刀	硬质合金（YT）	φ10	
3	铣削顶面	平面铣刀	硬质合金（YT）	φ80	
4	预钻 φ17.5 mm 孔	钻头	高速钢	φ17.5	
5	铣削 φ20 mm 孔	立铣刀	硬质合金（YT）	φ10	
6	铣削 10 mm 凸台轮廓	立铣刀	硬质合金（YT）	φ10	
7	铣削 5 mm 凸台轮廓	立铣刀	硬质合金（YT）	φ10	
8	预钻 φ6.8 mm 孔	钻头	高速钢	φ6.8	
9	攻 M8 螺纹	丝锥	硬质合金（YT）	M8	

4. 量具选择

零件加工量具选择见表 2-3-4。

表 2-3-4 零件加工量具选择表

姓名		班级		组号	
零件名称	数控铣基础零件（X03）		毛坯材料		Al
序号	量具				
	类型	规格/mm	测量内容/mm		
1	游标卡尺	0~150	5，10，20		
2	外径千分尺	50~75，75~100	60，80		
3	内径千分尺	20~25	φ20		

2.3.4 加工工艺及程序制定

1. 加工工艺制备

零件机械加工工艺过程卡片见表2-5-5。

表2-3-5 零件机械加工工艺过程卡片

姓名			班级			组号	
零件名称	数控铣基础零件（X03）			零件图号		X03	
毛坯							
材料牌号	种类			规格尺寸/mm		单件重量	
Al	板材			85×65×25			
工序号	工序名称	工步号	工序工步内容	设备名称型号	工艺装备		简图
					夹具	刀具	量具	
1	下料		下 85×65×25（mm）板材	锯床				
2	检验		毛坯检验					
3	底面轮廓加工	1	铣削底面					
		2	铣削 80 mm×60 mm外轮廓					
4	顶面轮廓加工	3	铣削顶面	KV650	虎钳	见表2-3-3	见表2-3-4	
		4	预钻 φ17.5 mm孔					
		5	铣削 φ20 mm孔					
		6	铣削 10 mm凸台轮廓					
		7	铣削 5 mm凸台轮廓					
		8	预钻 φ6.8 mm孔					
		9	攻 M8 螺纹					
5	检验		成品检验					

2. 数控加工程序编制

X03 零件工序 3 数控加工程序见表 2-3-6。

表 2-3-6　工序 3 数控加工程序表

工 3 底面轮廓加工	程序注释
O0001	程序名：铣削底面
加工部位轮廓图	
G90 G49 G54	绝对编程，取消长度补偿，用 G54 坐标系
M3 S1000	主轴正转，转速为 1 000 r/min
G00 X-95 Y0. M08	快速定位，冷却液开
G43 Z10 H1	调用 1 号长度补偿
G01 Z0 F1000	下刀到位
X95 F200	切削
G00 Z20	退刀
M09	冷却液关
G49 Z200	取消刀具长度补偿
M05	主轴停
M30	程序结束
O0002	程序名：铣削 80 mm×60 mm 外轮廓
加工部位轮廓图	
G90 G49 G54	绝对编程，取消长度补偿，用 G54 坐标系
M3 S1000	主轴正转，转速为 1 000 r/min
G00 X-50 Y-50. M08	快速定位，冷却液开
G43 Z10 H1	调用 1 号长度补偿
#1=1	给变量#1 赋值
WHILE [#1LE21] DO1	判断当#1 小于等于 21 时，执行 DO01 到 END 之间的程序
G01 Z-#1 F1000	下刀

续表

工3 底面轮廓加工	程序注释
O0002	程序名：铣削 80 mm×60 mm 外轮廓
G41 X-40 Y-40 D01 F100	加工轮廓
Y30	
X40	
Y-30	
X-50	
G40 G00 X-50 Y-50.	
#1=#1+1	变量#1 加1
END1	循环结束号
G0 Z50	退刀
G0 G40 X0 Y0	取消半径补偿
G49 Z200	取消刀具长度补偿
M09	冷却液关
M05	主轴停
M00	程序停止
G54	用 G54 坐标系
M3 S1500	主轴正转，转速为 1 500 r/min
G00 X-50 Y-50. M08	快速定位，冷却液开
G43 Z10 H1	调用1号长度补偿
G01 Z-21 F1000	下刀
G41 X-40 Y-40 D01 F100	加工轮廓
Y30	
X40	
Y-30	
X-50	
G40 G00 X-50 Y-50.	
G0 Z50	退刀
G0 G40 X0 Y0	取消半径补偿
G49 Z200	取消刀具长度补偿
M09	冷却液关
M05	主轴停止
M30	程序结束

X03 零件工序4的数控加工程序见表 2-3-7。

表 2-3-7　工序 4 数控加工程序表

工序 4 顶面轮廓加工	程序注释
O0003	程序名：铣削顶面
加工部位轮廓图	
G90 G49 G54	绝对编程，取消长度补偿，用 G54 坐标系
M3 S1000	主轴正转，转速为 1 000 r/min
G00 X-95 Y0. M08	快速定位，冷却液开
G43 Z5 H1	调用 1 号长度补偿
#1 = 1	给变量#1 赋值
WHILE [#1LE5] DO1	判断当#1 小于等于 5 时，执行 DO1 到 END 之间的程序
G01 Z-#1 F1000	下刀
X95 F100	加工轮廓
G00 Z50	
X-95	
#1 = #1 + 1	变量#1 加 1
END1	循环结束号
G0 Z50 F1000	退刀
G0 G40 X0 Y0	取消半径补偿
G49 Z200	取消刀具长度补偿
M09	冷却液关
M05	主轴停
M00	程序停止
G54	用 G54 坐标系
M03 S1500	主轴正转，转速为 1 500 r/min
G00 X-95 Y0. M08	快速定位，冷却液开
G43 Z0 H1	调用 1 号长度补偿
G01 X95 F100	加工轮廓
G00 Z50	退刀
G0 G40 X0 Y0	取消半径补偿
G49 Z200	取消刀具长度补偿
M09	冷却液关
M05	主轴停
M30	程序结束

续表

工序 4 顶面轮廓加工	程序注释
O0004	程序名：钻 φ17.5 mm 孔
加工部位轮廓图	
G90 G49 G54	对编程，取消长度补偿，用 G54 坐标系
M3 S400	主轴正转，转速为 400 r/min
G00 X0 Y0 M08	快速定位，冷却液开
G43 Z20 H1	调用 1 号长度补偿
G98 G81 R3 Z－28 F30	调用钻孔循环
G80	取消钻孔循环
G00 Z20. M09	退刀，冷却液关
G49 Z200 M05	取消刀具长度补偿，主轴停
M30	程序结束
O0005	程序名：铣削 φ20 mm 孔
加工部位轮廓图	
G90 G49 G54	绝对编程，取消长度补偿，用 G54 坐标系
M3 S1000	主轴正转，转速为 1 000 r/min
G00 X0 Y0 M08	快速定位，冷却液开
G43 Z20 H1	调用 1 号长度补偿
#1 = 1	给变量#1 赋值
WHILE［#1LE21］DO1	判断当#1 小于等于 21 时，执行 DO1 到 END 之间的程序
G01 Z－#1 F1000	下刀
G41 X10 D01 F100	调用半径补偿，加工轮廓
G03 I－10	铣圆
#1 = #1 + 1	变量#1 加 1
END1	循环结束号
G01 X0	退刀
G49 Z200	取消刀具长度补偿
M09	冷却液关

续表

工序 4 顶面轮廓加工	程序注释
O0005	程序名：铣削 φ20 mm 孔
M05	主轴停
M00	程序停止
G54	用 G54 坐标系
M3 S1000	主轴正转，转速为 1 000 r/min
G00 X0 Y0 M08	快速定位，冷却液开
G43 Z20 H1	调用 1 号长度补偿
G01 Z-21 F300	下刀
G41 X10 D01 F100	调用半径补偿，加工轮廓
G03 I-10	铣圆
G01 X0	
G00 Z20.	退刀
G49 Z200	取消刀具长度补偿
M09	冷却液关
M05	主轴停
M30	程序结束
O0006	程序名：铣削 10 mm 凸台轮廓
加工部位轮廓图	
G90 G49 G54	绝对编程，取消长度补偿，用 G54 坐标系
M3 S1000	主轴正转，转速为 1 000 r/min
G0 X-40 Y-40	快速定位
G43 Z10 H1	调用 1 号长度补偿
#1 = 1	给变量#1 赋值
WHILE [#1LE10] DO1	判断当#1 小于等于 10 时，执行 DO1 到 END 之间的程序
G01 Z-#1 F1000	下刀
G01 Y31 F100	加工轮廓
X40	
Y-31	
X-40	
Y-40	

续表

工序 4 顶面轮廓加工	程序注释
O0006	程序名：铣削 10 mm 凸台轮廓
#1 = #1 + 1	变量#1 加 1
END1	循环结束号
G0 Z20	退刀
G00 X – 40 Y – 40. M08	快速定位，冷却开
#1 = 1	给变量#1 赋值
WHILE ［#1LE10］ DO1	判断当#1 小于等于 10 时，执行 DO1 到 END 之间的程序
	下刀
G01 Z – #1 F1000	调用半径补偿，加工轮廓
G41 X – 30 Y – 30 D01 F100	
Y18.74 R10	
G02 X30 R75 R10	
G01 Y – 18.74 R10	
G02 X – 30 R75 R10	
G01 Y0	
X – 40	
G40 G00 X – 40 Y – 40.	
#1 = #1 + 1	变量#1 加 1
END1	循环结束号
G01 Z20 F1000	退刀
G0 G40 X0 Y0 M09	取消半径补偿
G49 Z200 M05	取消刀具长度补偿
M00	程序停止
G90 G49 G54	绝对编程，取消长度补偿，用 G54 坐标系
M3 S1500	主轴正转，转速为 1 500 r/min
G43 Z10 H1	快速定位
G00 X – 40 Y – 40. M08	调用 1 号长度补偿
G01 Z – #1 F1000	给变量#1 赋值
G41 X – 30 Y – 30 D01 F100	调用半径补偿，加工轮廓
Y18.74 R10	
G02 X30 R75 R10	
G01 Y – 18.74 R10	
G02 X – 30 R75 R10	
G01 Y0	
X – 40	
G40 G00 X – 40 Y – 40	
G01 Z20 F1000	退刀
G0 G40 X0 Y0 M09	取消半径补偿，冷却液关
G49 Z200 M05	取消刀具长度补偿，主轴停
M30	程序结束

续表

工序 4 顶面轮廓加工	程序注释
O0007	程序名：铣削 5 mm 凸台轮廓
加工部位轮廓图	
G90 G49 G54	绝对编程，取消长度补偿，用 G54 坐标系
M3 S1000	主轴正转，转速为 1 000 r/min
G0 X5 Y40	快速定位
G43 Z10 H1	调用 1 号长度补偿
#1 = 0	给变量#1 赋值
WHILE［#1LE5］DO1	判断当#1 小于等于 5 时，执行 DO1 到 END 之间的程序
G01 Z - #1 F100	下刀
Y - 40	加工轮廓
#1 = #1 + 1	变量#1 加 1
G01 Z - #1 F100	下刀
Y40	加工轮廓
#1 = #1 + 1	变量#1 加 1
END1	循环结束号
G0 Z20	退刀
G0 X - 5 Y40	快速定位
G43 Z10 H1	调用 1 号长度补偿
#1 = 0	给变量#1 赋值
WHILE［#1LE5］DO1	判断当#1 小于等于 5 时，执行 DO1 到 END 之间的程序
G01 Z - #1 F100	下刀
Y - 40	加工轮廓
#1 = #1 + 1	变量#1 加 1
G01 Z - #1 F100	下刀
Y40	加工轮廓
#1 = #1 + 1	变量#1 加 1
END1	循环结束号
G0 Z20	退刀
G00 X0 Y0. M08	快速定位，冷却液开
#1 = 1	给变量#1 赋值
WHILE［#1LE5］DO1	判断当#1 小于等于 5 时，执行 DO1 到 END 之间的程序
G01 Z - #1 F30	下刀

续表

工序 4 顶面轮廓加工	程序注释
O0007	程序名：铣削 5 mm 凸台轮廓
G41 X-13 Y-7.5 D01 F100	调用半径补偿，加工轮廓
G02 X-21 Y-12.5 R5	
Y12.5 R25	
X-13 Y7.5 R5	
G03 Y-7.5 R15	
G40 G01 X0 Y0.	
#1=#1+1	变量#1 加 1
END1	循环结束号
G01 Z20 F1000	退刀
G00 G40 X0 Y0.	取消半径补偿
Z10	快速接近工件
	给变量#1 赋值
#1=1	判断当#1 小于等于 5 时，执行 DO1 到 END 之间的程序
WHILE [#1LE5] DO1	下刀
G01 Z-#1 F30	加工轮廓
G41 X13 Y7.5 D01 F100	
G02 X21 Y12.5 R5	
Y-12.5 R25	
X13 Y-7.5 R5	
G03 Y7.5 R15	
G40 G01 X0 Y0.	
	变量#1 加 1
#1=#1+1	循环结束号
END1	退刀
G01 Z20 F1000	取消半径补偿，冷却液关
G0 G40 X0 Y0 M09	取消刀具长度补偿，主轴停
G49 Z200 M05	程序停止
M00	
G90 G49 G54	绝对编程，取消长度补偿，用 G54 坐标系
M3 S1000	主轴正转，转速为 1 000 r/min
G0 X5 Y40	快速定位
G43 Z10 H1	调用 1 号长度补偿
G01 Z-5 F100	下刀
Y-40	铣削

续表

工序 4 顶面轮廓加工	程序注释
O0007	程序名：铣削 5 mm 凸台轮廓
G0 Z20	退刀
G0 X-5 Y40	快速定位
G01 Z-5 F100	下刀
Y-40	铣削
G0 Z20	退刀
G00 X0 Y0. M08	快速定位，冷却液开
WHILE [#1LE5] DO1	
G01 Z-5 F30	下刀
G41 X-13 Y-7.5 D01 F100	调用半径补偿，加工轮廓
G02 X-21 Y-12.5 R5	
Y12.5 R25	
X-13 Y7.5 R5	
G03 Y-7.5 R15	
G40 G01 X0 Y0.	
G01 Z20 F1000	
G00 G40 X0 Y0.	
Z10	
G01 Z-5 F30	
G41 X13 Y7.5 D01 F100	调用半径补偿，加工轮廓
G02 X21 Y12.5 R5	
Y-12.5 R25	
X13 Y-7.5 R5	
G03 Y7.5 R15	
G40 G01 X0 Y0.	
G01 Z20 F1000	退刀
G0 G40 X0 Y0 M09	取消半径补偿，冷却液关
G49 Z200 M05	取消刀具长度补偿，主轴停
M30	程序结束
O0008	程序名：钻 $\phi6.8$ mm 孔
加工部位轮廓图	

续表

工序 4 顶面轮廓加工	程序注释
O0008	程序名：钻 φ6.8 mm 孔
G90 G49 G54	绝对编程，取消长度补偿，用 G54 坐标系
M3 S700	主轴正转，转速为 700 r/min
G00 X32.5 Y22.5 M08	快速定位，冷却液开
G43 Z20 H1	调用 1 号长度补偿
G98 G81 R3 Z-25 F30	调用钻孔循环
X-32.5	孔位置坐标
Y-22.5	
X32.5	
G80	取消钻孔循环
G00 Z20. M09	退刀，冷却液关
G49 Z200 M05	取消刀具长度补偿，主轴停
M30	程序结束
O0009	程序名：攻 M8 螺纹
加工部位轮廓图	
G90 G49 G54	绝对编程，取消长度补偿，用 G54 坐标系
M3 S100	主轴正转，转速为 100 r/min
G00 X32.5 Y22.5 M08	快速定位，冷却液开
G43 Z20 H1	调用 1 号长度补偿
G98 G84 R3 Z-25 F125	调用攻丝循环
X-32.5	孔位置坐标
Y-22.5	
X32.5	
G80	取消钻孔循环
G00 Z20. M09	退刀，冷却液关
G49 Z200 M05	取消刀具长度补偿，主轴停
M30	程序结束

2.3.5 零件加工实施方案答辩

要求以小组为单位提交项目实施方案（图纸分析过程、零件加工准备过程、加工工艺制定及程序编制过程），纸质一份+电子稿一份，每一小组选择一名同学作为主讲人介绍项目实施方案，小组所有成员整体接受提问答辩，答辩成绩将占总成绩的10%。

零件加工实施方案答辩评分见表2-3-8。

表2-3-8 零件加工实施方案答辩评分表

姓名		班级		组号	
零件名称	数控铣基础零件（X03）		工件编号	X03	
内容	具体方案	评分细则		得分	总分
陈述阶段	小组成员不限制人员，陈述时间5 min	内容叙述完整、正确（3分）			
		形象风度，有无亲和力（2分）			
		语言表达流畅（1分）			
答辩阶段	针对小组陈述环节，教师可随机提出问题，依据小组成员回答情况计算得分	回答问题正确度、完整度、清晰度、是否有说服力（4分）			

2.3.6 零件加工过程实施

KV650数控铣床设备相关操作参见项目5。零件加工实施过程见表2-3-9。

表2-3-9 零件加工过程实施表

（1）机床上下电操作	见任务2.1
（2）机床返回参考点操作	
（3）毛坯检测	
（4）刀具装夹	
（5）零件装夹	

（1）铣削底面 （2）铣削 80 mm×60 mm 外轮廓 （3）铣削顶面 （4）预钻 $\phi17.5$ mm 孔 （5）铣削 $\phi20$ mm 孔 （6）铣削 10 mm 凸台轮廓 （7）铣削 5 mm 凸台轮廓 （8）预钻 $\phi6.8$ mm 孔 （9）攻 M8 螺纹	 X03 零件加工过程

2.3.7 零件加工质量评价

1. 零件测量自评

在零件自检评分表 2-3-10 中自评结果处填入尺寸测量结果，不填不得分。

表 2-3-10 零件自检评分表

姓名			班级			组号	
零件名称		数控铣基础零件（X03）		工件编号		X03	
序号	考核项目	检测项目	配分	评分标准	自评结果	互评结果	得分
1	形状 （28 分）	外轮廓	8	外轮廓形状与图纸不符，每处扣2分			
2		$R10$ mm	8	是否圆角，每处2分			
3		$R75$ mm	4	是否圆角，每处2分			
4		M8	8	是否螺纹，每处2分			
5	尺寸精度 （62 分）	80 mm±0.05 mm	10	超差不得分			
6		60 mm±0.05 mm	10	超差不得分			
7		$\phi(20\pm0.02)$ mm	12	超差不得分			
8		20 mm±0.05 mm	10	超差不得分			
9		10 mm±0.05 mm	10	超差不得分			
10		5 mm±0.05 mm	10	超差不得分			

续表

序号	考核项目	检测项目	配分	评分标准	自评结果	互评结果	得分
11	表面粗糙度（10 分）	$Ra3.2\ \mu m$	14	降一级不得分			
12	碰伤、划伤			每处扣 1~2 分（只扣分，不得分）			
	配分合计		100	得分合计			
	教师签字			检测签字			

2. 零件测量互评

在零件互检评分表 2-3-11 中互评结果处填入尺寸测量结果，不填不得分。

表 2-3-11 零件互检评分表

姓名		班级			组号	
零件名称		数控铣基础零件（X03）	工件编号		X03	

序号	考核项目	检测项目	配分	评分标准	自评结果	互评结果	得分
1	形状（28 分）	外轮廓	8	外轮廓形状与图纸不符，每处扣 2 分			
2		$R10$ mm	8	是否圆角，每处 2 分			
3		$R75$ mm	4	是否圆角，每处 2 分			
4		M8	8	是否螺纹，每处 2 分			
5	尺寸精度（62 分）	80 mm ± 0.05 mm	10	超差不得分			
6		60 mm ± 0.05 mm	10	超差不得分			
7		$\phi(20 \pm 0.02)$ mm	12	超差不得分			
8		20 mm ± 0.05 mm	10	超差不得分			
9		10 mm ± 0.05 mm	10	超差不得分			
10		5 mm ± 0.05 mm	10	超差不得分			
11	表面粗糙度（10 分）	$Ra3.2\ \mu m$	10	降一级不得分			
12	碰伤、划伤			每处扣 1~2 分（只扣分，不得分）			
	配分合计		100	得分合计			
	教师签字			检测签字			

2.3.8 任务实施总结与反思

任务实施总结与反思见表 2-3-12。

表 2-3-12 任务实施总结与反思

姓名		班级		组号	
零件名称		数控铣基础零件（X03）			
评价项目	评价内容	评价效果			
		非常满意	满意	基本满意	不满意
知识能力	能够正确识别图纸，并分析出工件尺寸的加工精度				
	能正确填写工艺卡片				
	能正确掌握工件加工精度控制方法				
	能正确掌握工件加工精度检验方法				
技术能力	能够穿好工作服，并按照操作规程的要求正确操作机床				
	能正确掌握量具、工具的使用，并做到轻拿轻放				
	能够根据图样正确分析零件加工工艺路线，并制定工艺文件				
	能够根据工艺文件正确编制数控加工程序				
	能够正确加工出合格零件				
素质能力	能够与团队成员做到良好的沟通，并积极完成组内任务				
	任务实施中能用流畅的语言，清楚地表达自己的观点				
	能正确反馈任务实施过程中遇到的困难，寻求帮助，并努力克服解决				

注：任务实施所有相关表单请扫描下方二维码下载获取，以便教师与学生在任务实施中使用。

X03 零件任务实施相关表单

项目2 数控铣削加工

任务2.4　数控铣基础加工实训——X04 零件加工

学习情景描述

在教师的组织安排下学生分小组完成 X04 零件的数控铣削加工。

学习目标

（1）掌握一般型腔类零件数控加工工艺的制定内容与制定过程；
（2）掌握 G03 圆弧指令格式的用法；
（3）掌握刀具长度补偿指令 G43 以及刀具半径补偿指令 G41 的用法；
（4）能够正确选择平面铣削、轮廓铣削以及钻孔时刀具的几何参数与切削用量；
（5）掌握零件加工过程中数控铣床操作方法以及零件加工质量精度控制方法；
（6）车间卫生及机床的保养要符合现代 7S 管理目标（整理、整顿、清扫、清洁、素养、安全、节约）。

2.4.1　零件图样分析

分析如图 2-4-1 所示零件的轮廓特征、尺寸精度、形位公差、技术要求和零件材料等。

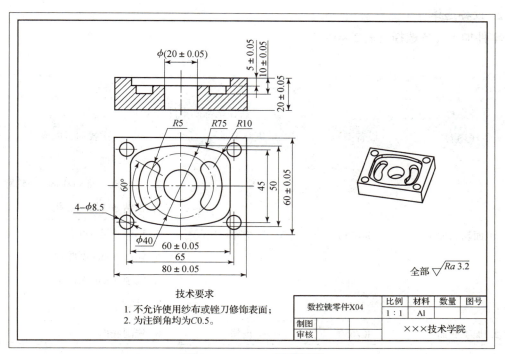

图 2-4-1　X04 零件图纸

2.4.2 学生任务分组

任务实施时，3~6人一组，学生自由组队完成任务分组。从零件图分析、加工过程准备、加工工艺与程序制定、零件加工实施方案答辩、零件加工过程实施、零件加工质量评价、任务实施总结和反思等几个方面，以小组为单位完成任务实施。学生任务分组见表2-4-1。

表2-4-1 学生任务分组表

班级		组号		指导老师	
组长		学号			
组员	姓名	学号	姓名	学号	备注
任务分工					

2.4.3 加工过程准备

1. 毛坯选择

材质：Al板材；规格：毛坯选择：85×65×25（mm）。

2. 设备选择

零件加工设备选择见表2-4-2。

表2-4-2 零件加工设备选择表

姓名		班级		组号	
零件名称		数控铣基础零件（X04）			
工序内容	设备型号	夹具要求	主要加工内容		
1. 顶面轮廓加工	KV650	虎钳	1. 铣削顶面 2. 铣削80 mm×60 mm外轮廓 3. 预钻φ17.5 mm孔 4. 铣削φ20 mm孔 5. 铣削5 mm型腔轮廓 6. 铣削5 mm腰形槽 7. 钻φ8.5 mm孔		
2. 加工底面	KV650	虎钳	8. 铣削底面		

3. 刀具选择

零件加工刀具选择见表 2–4–3。

表 2–4–3　零件加工刀具选择表

姓名		班级		组号	
零件名称	数控铣基础零件（X04）		毛坯材料		Al
工步号	工步内容	刀具			
		类型		材料	规格/mm
1	铣削顶面	平面铣刀		硬质合金（YT）	φ80
2	铣削 80 mm×60 mm 外轮廓	立铣刀		硬质合金（YT）	φ10
3	预钻 φ17.5 mm 孔	钻头		高速钢	φ17.5
4	铣削 φ20 mm 孔	立铣刀		硬质合金	φ10
5	铣削 5 mm 型腔轮廓	立铣刀		硬质合金（YT）	φ10
6	铣削 5 mm 腰形槽	立铣刀		硬质合金（YT）	φ10
7	钻 φ8.5 mm 孔	钻头		高速钢	φ8.5
8	铣削底面	平面铣刀		硬质合金	φ80

4. 量具选择

零件加工量具选择见表 2–4–4。

表 2–4–4　零件加工量具选择表

姓名		班级		组号	
零件名称	数控铣基础零件（X04）		毛坯材料		Al
序号	量具				
	类型		规格/mm		测量内容/mm
1	游标卡尺		0～150		5，10，20
2	外径千分尺		50～75，75～100		60，80
3	内径千分尺		20～25		φ20

2.4.4　加工工艺及程序制定

1. 加工工艺制备

零件机械加工工艺过程卡片见表 2–4–5。

表2-4-5 零件机械加工工艺过程卡片

姓名			班级			组号	
零件名称		数控铣基础零件（X04）		零件图号		X04	
毛坯							
材料牌号		种类		规格尺寸/mm		单件重量	
Al		板材		85×65×25			
工序号	工序名称	工步号	工步内容	设备名称型号	工艺装备		简图
					夹具	刀具 量具	
1	下料		下85×65×25（mm）板材	锯床			
2	检验		毛坯检验				
3	顶面轮廓加工	1	铣削顶面	KV650	虎钳	见表2-4-3 见表2-4-4	
		2	铣削 80 mm × 60 mm 外轮廓				
		3	预钻 φ17.5 mm 孔				
		4	铣削 φ20 mm 孔				
		5	铣削 5 mm 型腔轮廓				
		6	铣削 5 mm 腰形槽				
		7	钻 φ8.5 mm 孔				
4	底面轮廓加工	8	铣削底面	KV650	虎钳		
5	检验		成品检验				

2. 数控加工程序编制

X04 零件工序 3 的数控加工程序见表 2-4-6。

表 2－4－6　工序 3 数控加工程序表

工序 3 顶面轮廓加工	程序注释
O0001	程序名：铣削顶面
加工部位轮廓图	
G90 G49 G54	绝对编程，取消长度补偿，用 G54 坐标系
M3 S1000	主轴正转，转速为 1 000 r/min
G00 X－95 Y0. M08	快速定位，冷却液开
G43 Z10 H1	调用 1 号长度补偿
G01 Z0 F1000	下刀到位
X95 F200	切削
G00 Z20	退刀
G49 Z200	取消刀具长度补偿
M09	冷却液关
M05	主轴停
M30	程序结束
O0002	程序名：铣削 80 mm×60 mm 外轮廓
加工部位轮廓图	
G90 G49 G54	绝对编程，取消长度补偿，用 G54 坐标系
M3 S1000	主轴正转，转速为 1 000 r/min
G00 X－50 Y－50. M08	快速定位，冷却液开
G43 Z10 H1	调用 1 号长度补偿
#1＝1	给变量#1 赋值
WHILE［#1LE21］DO1	判断当#1 小于等于 21 时，执行 DO1 到 END 之间的程序
G01 Z－#1 F1000	下刀
G41 X－40 Y－40 D01 F100	加工轮廓
Y30	

续表

工序 3 顶面轮廓加工	程序注释
O0002	程序名：铣削 80 mm×60 mm 外轮廓
X40	
Y-30	
X-50	
G40 G00 X-50 Y-50.	
#1 = #1 + 1	变量#1 加 1
END1	循环结束号
G0 Z50	退刀
G0 G40 X0 Y0	取消半径补偿
G49 Z200	取消刀具长度补偿
M09	冷却液关
M05	主轴停
M00	程序停止
G54	用 G54 坐标系
M3 S1500	主轴正转，转速为 1 500 r/min
G00 X-50 Y-50. M08	快速定位，冷却液开
G43 Z10 H1	调用 1 号长度补偿
G01 Z-21 F1000	下刀
G41 X-40 Y-40 D01 F100	加工轮廓
Y30	
X40	
Y-30	
X-50	
G40 G00 X-50 Y-50.	取消半径补偿
G0 Z50	退刀
G0 G40 X0 Y0	
G49 Z200	取消刀具长度补偿
M09	冷却液关
M05	主轴停
M30	程序结束
O0003	程序名：预钻 φ17.5 mm 孔
加工部位轮廓图	

续表

工序 3 顶面轮廓加工	程序注释
O0003	程序名：预钻 φ17.5 mm 孔
G90 G49 G54	绝对编程，取消长度补偿，用 G54 坐标系
M3 S400	主轴正转，转速为 400 r/min
G00 X0 Y0 M08	快速定位，冷却液开
G43 Z20 H1	调用 1 号长度补偿
G98 G81 R3 Z－28 F30	调用钻孔循环
G80	取消钻孔循环
G00 Z20. M09	退刀，冷却液关
G49 Z200 M05	取消刀具长度补偿，主轴停
M30	程序结束
O0004	程序名：铣削 φ20 mm 孔
加工部位轮廓图	
G90 G49 G54	绝对编程，取消长度补偿，用 G54 坐标系
M3 S1000	主轴正转，转速为 1 000 r/min
G00 X0 Y0 M08	快速定位，冷却液开
G43 Z20 H1	调用 1 号长度补偿
#1 = 1	给变量#1 赋值
WHILE [#1LE21] DO1	判断当#1 小于等于 21 时，执行 DO1 到 END 之间的程序
G01 Z－#1 F1000	下刀
G41 X10 D01 F100	加工轮廓
G03 I－10	
#1 = #1 + 1	变量#1 加 1
END1	循环结束号
G01 X0	退刀
G49 Z200	取消刀具长度补偿
M09	冷却液关
M05	主轴停
M00	程序停止
G54	用 G54 坐标系

续表

工序3 顶面轮廓加工	程序注释
O0004	程序名：铣削 φ20 mm 孔
M3 S1000	主轴正转，转速为 1 000 r/min
G00 X0 Y0 M08	快速定位，冷却液开
G43 Z20 H1	调用 1 号长度补偿
G01 Z－21 F300	下刀
G41 X10 D01 F100	加工轮廓
G03 I－10	铣圆
G01 X0	
G00 Z20.	退刀
G49 Z200	取消刀具长度补偿
M09	冷却液关
M05	主轴停
M30	程序结束
O0005	程序名：铣削 5 mm 型腔轮廓
加工部位轮廓图	
G90 G49 G54	绝对编程，取消长度补偿，用 G54 坐标系
M3 S1000	主轴正转，转速为 1 000 r/min
G0 X0 Y0	快速定位
G43 Z10 H1	调用 1 号长度补偿
#1 = 1	给变量#1 赋值
WHILE［#1LE5］DO1	判断当#1 小于等于 5 时，执行 DO1 到 END 之间的程序
G01 Z－#1 F100	下刀
X14	
G03 I－14	加工整圆
#1 = #1 + 1	变量#1 加 1
END1	循环结束号
G0 Z10	退刀
X0 Y0	快速定位
#1 = 1	给变量#1 赋值
WHILE［#1LE5］DO1	判断当#1 小于等于 5 时，执行 DO1 到 END 之间的程序
G01 Z－#1 F100	下刀

续表

工序 3 顶面轮廓加工	程序注释
O0005	程序名：铣削 5 mm 型腔轮廓
X19.5	
G03 I – 19.5	加工整圆
#1 = #1 + 1	变量#1 加 1
END1	循环结束号
G0 Z10	退刀
X0 Y0	快速定位
G00 X0 Y0. M08	
#1 = 1	给变量#1 赋值
WHILE [#1LE5] DO1	判断当#1 小于等于 5 时，执行 DO1 到 END 之间的程序
G01 Z – #1 F100	下刀
G41 X30 D01 F100	调用半径补偿
Y18.74 R10	加工轮廓
G03 X – 30 R75 R10	
G01 Y – 18.74 R10	
G03 X30 R75 R10	
G01 Y2	
G40 G00 X0 Y0.	取消半径补偿
#1 = #1 + 1	变量#1 加 1
END1	循环结束号
G01 Z20 F1000	退刀
G0 G40 X0 Y0 M09	
G49 Z200 M05	取消长度补偿，主轴停
M00	程序停止
G90 G49 G54	绝对编程，取消长度补偿，用 G54 坐标系
M08	冷却液开
M3 S1000	主轴正转，转速为 1 000 r/min
G0 X0 Y0	快速定位
G43 Z10 H1	调用 1 号长度补偿
G01 Z – 5 F100	下刀
X14	加工轮廓
G03 I – 14	铣圆
G0 Z10	退刀
X0 Y0	
G01 Z – 5 F100	
X19.5	加工轮廓

续表

工序 3 顶面轮廓加工	程序注释
O0005	程序名：铣削 5 mm 型腔轮廓
G03 I-19.5	铣圆
G0 Z10	退刀
X0 Y0	快速定位
G01 Z-5 F100	下刀
G41 X30 D01 F100	调用半径补偿
Y18.74 R10	加工轮廓
G03 X-30 R75 R10	
G01 Y-18.74 R10	
G03 X30 R75 R10	
G01 Y2	
G40 G00 X0 Y0.	取消半径补偿
G49 Z200	取消长度补偿
M09	冷却液关
M05	主轴停
M30	程序结束
O0006	程序名：铣削 5 mm 腰形槽
加工部位轮廓图	
G90 G49 G54	绝对编程，取消长度补偿，用 G54 坐标系
M3 S1000	主轴正转，转速为 1 000 r/min
G00 X-17.32 Y10. M08	快速定位
G43 Z10 H1	调用 1 号长度补偿
#1 = 5.5	给变量#1 赋值
WHILE [#1LE10] DO1	判断当#1 小于等于 10 时，执行 DO1 到 END 之间的程序
G01 Z-#1 F20	下刀
G03 Y-10 R20 F100	加工轮廓
#1 = #1 + 0.5	变量#1 加 0.5
G01 Z-#1 F20	下刀
G02 Y10 R20	加工轮廓
#1 = #1 + 0.5	变量#1 加 0.5
END1	循环结束号

续表

工序 3 顶面轮廓加工	程序注释
O0006	程序名：铣削 5 mm 腰形槽
G01 Z20 F1000	退刀
G00 X17.32 Y−10	快速定位
Z5	
#1 = 5.5	给变量#1 赋值
WHILE ［#1LE10］DO1	判断当#1 小于等于 10 时，执行 DO1 到 END 之间的程序
G01 Z−#1 F20	下刀
G03 Y10 R20 F100	加工轮廓
#1 = #1 + 0.5	变量#1 加 0.5
G01 Z−#1 F20	下刀
G02 Y−10 R20	加工轮廓
#1 = #1 + 0.5	变量#1 加 0.5
END1	循环结束号
G01 Z20 F1000	退刀
G0 G40 X0 Y0 M09	快速定位
G49 Z200 M05	取消长度补偿
M00	程序停止
G90 G49 G54	绝对编程，取消长度补偿，用 G54 坐标系
M3 S2000	主轴正转，转速为 2 000 r/min
G00 X−17.32 Y10. M08	快速定位
G43 Z10 H1	调用 1 号长度补偿
G01 Z−4 F1000	
Z−10 F20	下刀
G03 Y−10 R20 F100	加工轮廓
G01 Z20 F1000	
G00 X17.32 Y−10	
G01 Z−4 F1000	
Z−10 F20	
G03 Y10 R20 F100	
G01 Z20 F1000	退刀
G0 G40 X0 Y0 M09	取消半径补偿，冷却液关
G49 Z200 M05	取消刀具长度补偿，主轴停
M30	程序结束

续表

工序 3 顶面轮廓加工	程序注释
O0007	程序名：钻 φ8.5 mm 孔
加工部位轮廓图	
G90 G49 G54	绝对编程，取消长度补偿，用 G54 坐标系
M3 S700	主轴正转，转速为 700 r/min
G00 X32.5 Y22.5 M08	快速定位，冷却液开
G43 Z20 H1	调用 1 号长度补偿
G98 G81 R3 Z-25 F30	调用钻孔循环
X-32.5	孔位置坐标
Y-22.5	
X32.5	
G80	取消钻孔循环
G00 Z20. M09	退刀，冷却液关
G49 Z200 M05	取消刀具长度补偿，主轴停
M30	程序结束

X04 零件工序 4 数控加工程序见表 2-4-7。

表 2-4-7　工序 4 数控加工程序表

工序 4 底面轮廓加工	程序注释
O0008	程序名：铣削底面
加工部位轮廓图	
G90 G49 G54	绝对编程，取消长度补偿，用 G54 坐标系
M3 S1000	主轴正转，转速为 1 000 r/min
G00 X-95 Y0. M08	快速定位，冷却液开
G43 Z5 H1	调用 1 号长度补偿

续表

工序 4 底面轮廓加工	程序注释
O0008	程序名：铣削底面
#1 = 1	给变量#1 赋值
WHILE［#1LE5］DO1	判断当#1 小于等于 5 时，执行 DO1 到 END 之间的程序
G01 Z - #1 F1000	下刀
X95 F100	加工轮廓
G00 Z50	
X - 95	
#1 = #1 + 1	变量#1 加 1
END1	循环结束号
G0 Z50 F1000	退刀
G0 G40 X0 Y0	取消半径补偿
G49 Z200	取消刀具长度补偿
M09	冷却液关
M05	主轴停
M00	程序停止
G54	用 G54 坐标系
M03 S1500	主轴正转，转速为 1 500 r/min
G00 X - 95 Y0. M08	快速定位，冷却液开
G43 Z0 H1	调用 1 号长度补偿
G01 X95 F100	加工轮廓
G00 Z50	
G0G 40 X0 Y0	取消半径补偿
G49 Z200	取消刀具长度补偿
M09	冷却液关
M05	主轴停
M30	程序结束

2.4.5 零件加工实施方案答辩

本任务要求以小组为单位提交项目实施方案（内容包括图纸分析过程、零件加工准备过程、加工工艺制定及程序编制过程），纸质一份＋电子稿一份，每一小组选择一名同学作为主讲人介绍项目实施方案，小组所有成员参加答辩，答辩成绩将占总成绩的 10%。

零件加工实施方案答辩评分见表 2 - 4 - 8。

表 2-4-8　零件加工实施方案答辩评分表

姓名		班级		组号	
零件名称	数控铣基础零件（X04）		工件编号	X04	
内容	具体方案	评分细则		得分	总分
陈述阶段	小组成员不限制人员，陈述时间 5 min	内容叙述完整、正确（最高 3 分） 形象风度，有无亲和力（最高 2 分） 语言表达流畅（最高 1 分）			
答辩阶段	针对小组陈述内容，教师可提出问题，依据小组成员回答情况给予评分	回答问题正确度、完整度、清晰度、是否有说服力（最高 4 分）			

2.4.6 零件加工过程实施

KV650 数控车床设备相关操作参考项目 4。零件加工实施过程见表 2-4-9。

表 2-4-9　零件加工过程实施表

（1）机床上下电操作	见任务 2.1
（2）机床返回参考点操作	
（3）毛坯检测	
（4）刀具装夹	
（5）零件装夹	
（6）铣削顶面	
（7）铣削 80 mm×60 mm 外轮廓	
（8）预钻 φ17.5 mm 孔	
（9）铣削 φ20 mm 孔	
（10）铣削 5 mm 型腔轮廓	
（11）铣削 5 mm 腰形槽	
（12）钻 φ8.5 mm 孔	
（13）铣削底面	
（14）铣削顶面	

X04 零件加工过程

2.4.7 零件加工质量评价

1. 零件测量自评

在零件自检评分表 2-4-10 中自评结果处填入尺寸测量结果，不填不得分。

表 2-4-10 零件自检评分表

姓名		班级		组号	
零件名称	数控铣基础零件（X04）	工件编号		X04	
序号	考核项目	检测项目	配分	评分标准	自评结果	互评结果	得分
1	形状（28 分）	外轮廓	8	外轮廓形状与图纸不符，每处扣 2 分			
2		$R10$ mm	8	是否圆角，每处 2 分			
3		$\phi 40$ mm	4	是否圆角，每处 2 分			
4		$\phi 8.5$ mm	8	是否螺纹，每处 2 分			
5	尺寸精度（62 分）	80 mm ± 0.05 mm	10	超差不得分			
6		60 mm ± 0.05 mm	10	超差不得分			
7		$\phi(20 \pm 0.05)$ mm	12	超差不得分			
8		20 mm ± 0.05 mm	10	超差不得分			
9		10 mm ± 0.05 mm	10	超差不得分			
10		5 mm ± 0.05 mm	10	超差不得分			
11	表面粗糙度（10 分）	$Ra3.2$ μm	10	降一级不得分			
12	碰伤、划伤			每处扣 1~2 分（只扣分，不得分）			
配分合计			100	得分合计			
教师签字				检测签字			

2. 零件测量互评

在零件互检评分表 2-4-11 中互评结果处填入尺寸测量结果，不填不得分。

表 2-4-11 零件互检评分表

姓名			班级		组号		
零件名称		数控铣基础零件（X04）		工件编号		X04	
序号	考核项目	检测项目	配分	评分标准	自评结果	互评结果	得分
1	形状 (28 分)	外轮廓	8	外轮廓形状与图纸不符，每处扣 2 分			
2		R10 mm	8	是否圆角，每处 2 分			
3		φ40 mm	4	是否圆角，每处 2 分			
4		φ8.5 mm	8	是否通孔，每处 2 分			
5	尺寸精度 (62 分)	80 mm ± 0.05 mm	10	超差不得分			
6		60 mm ± 0.05 mm	10	超差不得分			
7		φ(20 ± 0.05) mm	12	超差不得分			
8		20 mm ± 0.05 mm	10	超差不得分			
9		10 mm ± 0.05 mm	10	超差不得分			
10		5 mm ± 0.05 mm	10	超差不得分			
11	表面粗糙度 (10 分)	Ra3.2 μm	10	降一级不得分			
12	碰伤、划伤			每处扣 1~2 分（只扣分，不得分）			
配分合计			100	得分合计			
教师签字				检测签字			

2.4.8 任务实施总结与反思

任务实施总结与反思见表 2-4-12。

表 2-4-12 任务实施总结与反思

姓名		班级		组号		
零件名称		数控铣基础零件（X04）				
评价项目	评价内容	评价效果				
		非常满意	满意	基本满意	不满意	
知识能力	能够正确识别图纸，并分析出工件尺寸的加工精度					

续表

评价项目	评价内容	评价效果			
		非常满意	满意	基本满意	不满意
知识能力	能正确填写工艺卡片				
	能正确掌握工件加工精度控制方法				
	能正确掌握工件加工精度检验方法				
技术能力	能够穿好工作服,并按照操作规程的要求正确操作机床				
	能正确掌握量具、工具的使用,并做到轻拿轻放				
	能够根据图样正确分析零件加工工艺路线,并制定工艺文件				
	能够根据工艺文件正确编制数控加工程序				
	能够正确加工出合格零件				
素质能力	能够与团队成员做到良好的沟通,并积极完成组内任务				
	任务实施中能用流畅的语言,清楚地表达自己的观点				
	能正确反馈任务实施过程中遇到的困难,寻求帮助,并努力克服解决				

注：任务实施所有相关表单请扫描下方二维码下载获取,以便教师与学生在任务实施中使用。

X04 零件任务实施相关表单

任务 2.5　数控铣复杂任务——X05 零件加工

学习情景描述

在教师的组织安排下学生分小组完成 X05 零件的数控铣削加工。

学习目标

（1）掌握复杂型腔类零件数控加工工艺的制定内容与制定过程；
（2）掌握铰孔的加工方法；
（3）掌握利用宏程序指令铣削圆锥孔的方法；
（4）能够正确选择平面铣削、轮廓铣削、钻孔以及铰孔时刀具的几何参数与切削用量；
（5）掌握零件加工过程中数控铣床操作方法以及零件加工质量精度控制方法；
（6）车间卫生及机床的保养要符合现代 7S 管理目标（整理、整顿、清扫、清洁、素养、安全、节约）。

2.5.1　零件图样分析

分析如图 2-5-1 所示零件的轮廓特征、尺寸精度、形位公差、技术要求和零件材料等。

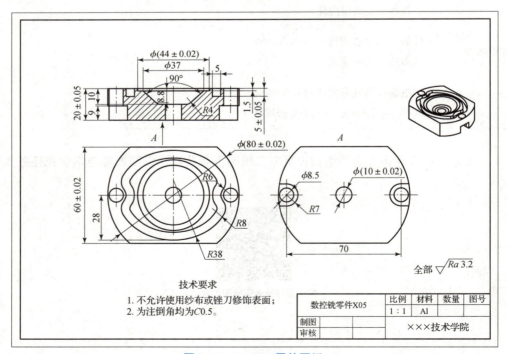

图 2-5-1　X05 零件图纸

2.5.2 学生任务分组

任务实施时,3~6人一组,学生自由组队完成任务分组。从零件图分析、加工过程准备、加工工艺与程序制定、零件加工实施方案答辩、零件加工过程实施、零件加工质量评价、任务实施总结和反思等几个方面,以小组为单位完成任务实施。学生任务分组见表2-5-1。

表2-5-1 学生任务分组表

班级		组号		指导老师	
组长		学号			
组员	姓名	学号	姓名	学号	备注
任务分工					

2.5.3 加工过程准备

1. 毛坯选择

材质:Al 板材;规格:毛坯选择 $\phi 85 \times 65 \times 25$(mm)。

2. 设备选择

零件加工设备选择见表2-5-2。

表2-5-2 零件加工设备选择表

姓名		班级		组号	
零件名称		数控铣复杂零件(X05)			
工序内容	设备型号	夹具要求	主要加工内容		
1. 底面轮廓加工	KV650	虎钳	1. 铣削底面 2. 预钻 $\phi 9.7$ mm 孔 3. 铰 $\phi 10$ mm 孔 4. 钻 $\phi 8.5$ mm 孔 5. 铣削沉孔 6. 铣削 $\phi 80$ mm × 60 mm 外轮廓		
2. 顶面轮廓加工	KV650	虎钳	7. 铣削顶面 8. 铣削沟槽轮廓 9. 铣削 $\phi 44$ mm 孔 10. 粗铣锥孔 11. 精铣锥孔		

3. 刀具选择

零件加工刀具选择见表2-5-3。

表2-5-3 零件加工刀具选择表

姓名		班级		组号	
零件名称	数控铣复杂零件（X05）		毛坯材料	Al	
工步号	工步内容	刀具			
		类型	材料	规格/mm	
1	铣削底面	平面铣刀	硬质合金（YT）	ϕ80	
2	预钻ϕ9.7 mm孔	钻头	高速钢	ϕ9.7	
3	铰ϕ10 mm孔	铰刀	高速钢	ϕ10	
4	钻ϕ8.5 mm孔	钻头	高速钢	ϕ8.5	
5	铣削沉孔	立铣刀	硬质合金（YT）	ϕ10	
6	铣削ϕ80 mm×60 mm外轮廓	立铣刀	硬质合金（YT）	ϕ10	
7	铣削顶面	平面铣刀	硬质合金（YT）	ϕ80	
8	铣削沟槽轮廓	硬质合金	硬质合金（YT）	ϕ4	
9	铣削ϕ44 mm孔	立铣刀	硬质合金（YT）	ϕ10	
10	粗铣锥孔	立铣刀	硬质合金（YT）	ϕ10	
11	精铣锥孔	球铣刀	硬质合金（YT）	ϕ8	

4. 量具选择

零件加工量具选择见表2-5-4。

表2-5-4 零件加工量具选择表

姓名		班级		组号	
零件名称	数控铣复杂零件加工实训（X05）		毛坯材料	Al	
序号	量具				
	类型	规格/mm	测量内容/mm		
1	游标卡尺	0~150	5, 20		
2	外径千分尺	50~75, 75~100	60, ϕ80		
3	内径千分尺	40~50	ϕ44		

2.5.4 加工工艺及程序制定

1. 加工工艺制

零件机械加工工艺过程卡片见表 2－5－5。

表 2－5－5　零件机械加工工艺过程卡片

姓名			班级			组号		
零件名称		数控铣复杂零件（X05）		零件图号			X05	
毛坯								
材料牌号		种类		规格尺寸/mm			单件重量	
Al		板材		φ85×65×25				
工序号	工序名称	工步号	工序工步内容	设备名称型号	工艺装备			简图
					夹具	刀具	量具	
1	下料		下 φ85 mm×65 mm×25 mm 板材	锯床				
2	检验		毛坯检验					
3	底面轮廓加工	1	铣削底面	KV650	虎钳	见表 2-5-3	见表 2-5-4	
		2	预钻 φ9.7 mm 孔					
		3	铰 φ10 mm 孔					
		4	钻 φ8.5 mm 孔					
		5	铣削沉孔					
		6	铣削 φ80 mm×60 mm 外轮廓					
4	顶面轮廓加工	7	铣削顶面	KV650	虎钳			
		8	铣削沟槽轮廓					
		9	铣削 φ44 mm 孔					
		10	粗铣锥孔					
		11	精铣锥孔					
5	检验		成品检验					

2. 数控加工程序编制

X05 零件工序 3 的数控加工程序见表 2－5－6。

表 2－5－6　工序 3 数控加工程序表

工序 3 底面轮廓加工	程序注释
O0001	程序名：铣削底面
加工部位轮廓图	
G90 G49 G54	绝对编程，取消长度补偿，用 G54 坐标系
M3 S1000	主轴正转，转速为 1 000 r/min
G00 X－95 Y0. M08	快速定位，冷却液开
G43 Z10 H1	调用 1 号长度补偿
G01 Z0 F1000	下刀到位
X95 F200	切削
G00 Z20. M09	退刀，冷却液关
G49 Z200 M05	取消刀具长度补偿，主轴停
M30	程序结束
O0002	程序名：预钻 ϕ9.7 mm 孔
加工部位轮廓图	
G90 G49 G54	绝对编程，取消长度补偿，用 G54 坐标系
M3 S700	主轴正转，转速为 700 r/min
G00 X0 Y0 M08	快速定位，冷却液开
G43 Z20 H1	调用 1 号长度补偿
G98 G81 R3 Z－25 F30	调用钻孔循环
G80	取消钻孔循环
G00 Z20. M09	退刀，冷却液关
G49 Z200 M05	取消刀具长度补偿，主轴停
M30	程序结束

续表

工序3 底面轮廓加工	程序注释
O0003	程序名：铰 φ10 mm 孔
加工部位轮廓图	
G90 G49 G54	绝对编程，取消长度补偿，用 G54 坐标系
M3 S500	主轴正转，转速为 500 r/min
G00 X0 Y0 M08	快速定位，冷却液开
G43 Z20 H1	调用1号长度补偿
G98 G81 R3 Z-23 F200	调用钻孔循环
G80	取消钻孔循环
G00 Z20. M09	退刀，冷却液关
G49 Z200 M05	取消刀具长度补偿，主轴停
M30	程序结束
O0004	程序名：钻 φ8.5 mm 孔
加工部位轮廓图	
G90 G49 G54	绝对编程，取消长度补偿，用 G54 坐标系
M3 S700	主轴正转，转速为 700 r/min
G00 X0 Y35 M08	快速定位，冷却液开
G43 Z20 H1	调用1号长度补偿
G98 G81 R3 Z-25 F50	调用钻孔循环
X0 Y-35	孔位置坐标
G80	取消钻孔循环
G00 Z20. M09	退刀，冷却液关
G49 Z200 M05	取消刀具长度补偿，主轴停
M30	程序结束

续表

工序 3 底面轮廓加工	程序注释
O0005	程序名：铣削沉孔
加工部位轮廓图	
G90 G49 G54	绝对编程，取消长度补偿，用 G54 坐标系
M3 S700	主轴正转，转速为 700 r/min
G00 X0 Y50 M08	快速定位，冷却液开
G43 Z10 H1	调用 1 号长度补偿
#1 = 1	给变量#1 赋值
WHILE［#1LE9］DO1	判断当#1 小于等于 9 时，执行 DO1 到 END 之间的程序
G01 Z - #1 F1000	下刀
G41 X - 7 D01 F60	调用半径补偿，加工轮廓
Y35	
G03 X7 R7	
G01 Y50	
G40 X0 Y50	
#1 = #1 + 1	变量#1 加 1
END1	循环结束号
G0 Z20	退刀
X0 Y - 50	快速定位
#1 = 1	给变量#1 赋值
WHILE［#1LE9］DO1	判断当#1 小于等于 9 时，执行 DO1 到 END 之间的程序
G01 Z - #1 F1000	下刀
G41 X7 D01 F60	调用半径补偿，加工轮廓
Y - 35	
G03 X - 7 R7	
G01 Y - 50	
G40 X0 Y - 50	
#1 = #1 + 1	变量#1 加 1
END1	循环结束号
G00 Z20. M09	退刀，冷却液关
G40 X0 Y0	取消半径补偿
G49 Z200 M05	取消刀具长度补偿
M30	程序结束

续表

工序 3 底面轮廓加工	程序注释
O0006	程序名：铣削 φ80 mm×60 mm 外轮廓
加工部位轮廓图	

G90 G49 G54	绝对编程，取消长度补偿，用 G54 坐标系
M3 S700	主轴正转，转速为 700 r/min
G00 X-40 Y-50 M08	快速定位，冷却液开
G43 Z5 H1	调用 1 号长度补偿
#1 = 1	给变量#1 赋值
WHILE［#1LE21］DO1	判断当#1 小于等于 21 时，执行 DO1 到 END 之间的程序
G01 Z-#1 F1000	下刀
G41 X-30 Y-40 D01 F100	加工轮廓
Y26.46	
G02 X30 R40	
G01 Y-26.46	
G02 X-30 R40	
G01 G40 X-40 Y-50	
#1 = #1+1	变量#1 加 1
END1	循环结束号
G00 Z20	退刀
G40 X0 Y0	取消半径补偿
G49 Z200	取消刀具长度补偿
M09	冷却液关
M05	主轴停
M00	程序停止
G54	用 G54 坐标系
M3 S1000	主轴正转，转速为 1 000 r/min
G00 X-40 Y-50 M08	快速定位，冷却液开
G43 Z5 H1	调用 1 号长度补偿
G01 Z-21 F1000	下刀

续表

工序3 底面轮廓加工	程序注释
O0006	程序名：铣削 φ80 mm×60 mm 外轮廓
G41 X-30 Y-40 D01 F100	加工轮廓
Y26.46	
G02 X30 R40	
G01 Y-26.46	
G02 X-30 R40	
G01 G40 X-40 Y-50	取消半径补偿
G00 Z20	抬刀
G40 X0 Y0	
G49 Z200	取消刀具长度补偿
M09	冷却液关
M05	主轴停
M30	程序结束

X05 零件工序 4 数控加工程序见表 2-5-7。

表 2-5-7 工序 4 数控加工程序表

工序4 顶面轮廓加工	程序注释
O0007	程序名：铣削顶面
加工部位轮廓图	
G90 G49 G54	绝对编程，取消长度补偿，用 G54 坐标系
M3 S1000	主轴正转，转速为 1 000 r/min
G00 X-95 Y0. M08	快速定位，冷却液开
G43 Z5 H1	调用 1 号长度补偿
#1=1	给变量#1 赋值
WHILE [#1LE5] DO1	判断当#1 小于等于 5 时，执行 DO1 到 END 之间的程序
G01 Z-#1 F1000	下刀
X95 F100	加工轮廓
G00 Z50	
X-95	
#1=#1+1	变量#1 加 1
END1	循环结束号
G0 Z50 F1000	退刀

续表

工序4 顶面轮廓加工	程序注释
O0007	程序名：铣削顶面
G0 G40 X0 Y0	取消半径补偿
G49 Z200	取消刀具长度补偿
M09	冷却液关
M05	主轴停
M00	程序停止
G54	用 G54 坐标系
M03 S1500	主轴正转，转速为 1 500 r/min
G00 X-95 Y0. M08	快速定位，冷却液开
G43 Z0 H1	调用 1 号长度补偿
G01 X95 F100	加工轮廓
G00 Z50	
G0 G40 X0 Y0	取消半径补偿
G49 Z200	取消刀具长度补偿
M09	冷却液关
M05	主轴停
M30	程序结束
O0008	程序名：铣削沟槽轮廓
加工部位轮廓图	
G90 G49 G54	绝对编程，取消长度补偿，用 G54 坐标系
M3 S700	主轴正转，转速为 700 r/min
G00 X26 Y0 M08	快速定位，冷却液开
G43 Z5 H1	调用 1 号长度补偿
#1 = 1	给变量#1 赋值
WHILE [#1LE5] DO1	判断当#1 小于等于 5 时，执行 DO1 到 END 之间的程序
G01 Z-#1 F20	下刀
G03 X12 Y28.5 R36 F100	加工轮廓
X4.76 R6	
G02 X-4.76 R8	
G03 X-12 R6	
Y-28.5 R36	
X-4.76 R6	

续表

工序 4 顶面轮廓加工	程序注释
O0008	程序名：铣削沟槽轮廓
G02 X4.76 R8	
G03 X12 R6	
X26 Y0 R36	
#1 = #1 + 1	变量#1 加 1
END1	循环结束号
G0 Z5	退刀
X25 Y0	快速定位
#1 = 1	给变量#1 赋值
WHILE［#1LE5］DO1	判断当#1 小于等于 5 时，执行 DO1 到 END 之间的程序
G01 Z - #1 F20	下刀
G03 X11.39 Y27.7 R35 F100	加工轮廓
X5.36 R5	
G02 X - 5.36 R9	
G03 X - 11.39 R5	
Y - 27.7 R35	
X - 5.36 R5	
G02 X5.36 R9	
G03 X11.39 R5	
X25 Y0 R35	
#1 = #1 + 1	变量#1 加 1
END1	循环结束号
G00 Z20. M09	退刀
G40 X0 Y0	取消半径补偿
G49 Z200 M05	取消刀具长度补偿
M00	程序停止
G54	用 G54 坐标系
M3 S3000	主轴正转，转速为 3 000 r/min
G00 X26 Y0 M08	快速定位，冷却液开
G43 Z5 H1	调用 1 号长度补偿
G01 Z - 5 F20	下刀
G03 X12 Y28.5 R36 F100	加工轮廓
X4.76 R6	
G02 X - 4.76 R8	
G03 X - 12 R6	

续表

工序 4 顶面轮廓加工	程序注释
O0008	程序名：铣削沟槽轮廓
Y-28.5 R36	
X-4.76 R6	
G02 X4.76 R8	
G03 X12 R6	
X26 Y0 R36	
G0 Z5	抬刀
X25 Y0	快速定位
G01 Z-5 F20	下刀
G03 X11.39 Y27.7 R35 F100	加工轮廓
X5.36 R5	
G02 X-5.36 R9	
G03 X-11.39 R5	
Y-27.7 R35	
X-5.36 R5	
G02 X5.36 R9	
G03 X11.39 R5	
X25 Y0 R35	
G00 Z20. M09	抬刀
G40 X0 Y0	取消刀具半径补偿
G49 Z200 M05	取消刀具长度补偿
M30	程序结束
O0009	程序名：铣削 φ44 mm 孔
加工部位轮廓图	
G90 G49 G54	绝对编程，取消长度补偿，用 G54 坐标系
M3 S1000	主轴正转，转速为 1 000 r/min
G00 X0 Y0 M08	快速定位，冷却液开
G43 Z20 H1	调用 1 号长度补偿
#1=1	给变量#1赋值
WHILE [#1LE2] DO1	判断当#1小于等于2时，执行 DO1 到 END 之间的程序
G01 Z-#1 F1000	下刀
G41 X12 D01 F100	调用半径补偿，加工轮廓
G03 I-12	

续表

工序 4 顶面轮廓加工	程序注释
O0009	程序名：铣削 φ44 mm 孔
G01 G41 X22 D01 F100	
G03 I - 22	
#1 = #1 + 1	变量#1 加 1
END1	循环结束号
G01 X0	
G49 Z200	取消刀具长度补偿
M09	冷却液关
M05	主轴停
M00	程序停止
G54	用 G54 坐标系
M3 S2000	主轴正转，转速为 2 000 r/min
G00 X0 Y0. M08	快速定位，冷却液开
G43 Z10 H1	调用 1 号长度补偿
G01 Z - 2 F100	下刀
G41 X22 Y0 D01 F100	调用半径补偿，加工轮廓
G03 I - 22	
G0 Z50 F1000	退刀
G0 G40 X0 Y0 M09	取消半径补偿，冷却液关
G49 Z200 M05	取消刀具长度补偿，主轴停
M30	程序结束
O00010	程序名：粗铣锥孔
加工部位轮廓图	
G90 G49 G54	绝对编程，取消长度补偿，用 G54 坐标系
M3 S1000	主轴正转，转速为 1 000 r/min
G00 X0 Y0 M08	快速定位，冷却液开
G43 Z20 H1	调用 1 号长度补偿
#1 = 1	给变量#1 赋值
WHILE [#1LE10] DO1	判断当#1 小于等于 10 时，执行 DO1 到 END 之间的程序
G01 Z - #1 F1000	下刀
X3.35 F100	加工轮廓
G03 I - 3.35	

续表

工序 4 顶面轮廓加工	程序注释
O00010	程序名：粗铣锥孔
G01 X0 Y0	
#1 = #1 + 1	变量#1 加 1
END1	循环结束号
G01 X0	
G49 Z200	取消刀具长度补偿
M09	冷却液关
M05	主轴停
M00	程序停止
#1 = 43.3	锥孔底部（小端）直径
#2 = 8.8	锥孔高度
#3 = 45	圆锥面与垂直面夹角
#4 = 10.4	刀具直径
#5 = 0	刀具圆角半径 R
#6 = 0	设为自变量，初始值为 0
#16 = 0.2	每次递增量（等高）
#20 = 10	1/4 圆弧切入进刀和切出退刀半径
S1000 M03	主轴正转，转速为 1 000 r/min
G54 G90 G00 X0 Y0 Z30.	用 G54 坐标系，绝对编程，快速定位
#11 = #1/2 + #2 * TAN［#3］	锥孔顶部（大端）半径
#7 = #5 * ［1 - COS［#3］］	实际接触工件的刀位点（X 方向）
#8 = #5 * SIN［#3］	实际接触工件的刀位点（Z 方向）
WHILE［#6LE#2］DO1	如果没有加工到锥面底部，继续循环 1
#12 = #11 + #7 - #4/2 - #6 * TAN［#3］	任意点是刀尖点的 X 坐标值（绝对值）
#13 = #8 - #5 - #6	任意点是刀尖点的 Z 坐标值（绝对值）
G00 X［#12 - #20］Y - #20	快速移动至当前层进刀点
G01 Z#13 F400	G01 下降至当前层
G03 X#12 Y0 R#20	1/4 圆弧切入进刀
I - #12 F1000	逆时针走整圆
X［#12 - #20］Y#20 R#20	1/4 圆弧切入退刀
G00 Y - #20	快速回到进刀点处
#6 = #6 + #16	赋值，每次递增量
END 1	循环结束
G00 Z30.	抬刀
M30	程序结束

续表

工序 4 顶面轮廓加工	程序注释
O00011	程序名：精铣锥孔
加工部位轮廓图	
#1 = 43.3	锥孔底部（小端）直径
#2 = 8.8	锥孔高度
#3 = 45	圆锥面与垂直面夹角
#4 = 8	刀具直径
#5 = 0	刀具圆角半径 R
#6 = 0	设为自变量，初始值为 0
#16 = 0.2	每次递增量（等高）
#20 = 10	1/4 圆弧切入进刀和切出退刀半径
S1000 M03	主轴正转，转速为 1 000 r/min
G54 G90 G00 X0 Y00 Z30.	用 G54 坐标系，绝对编程，快速定位
#11 = #1/2 + #2 * TAN［#3］	锥孔顶部（打端）半径
#7 = #5 * ［1 - COS［#3］］	实际接触工件的刀位点（X 方向）
#8 = #5 * SIN［#3］	实际接触工件的刀位点（Z 方向）
WHILE［#6LE#2］DO 1	如果没有加工到锥面底部，继续循环 1
#12 = #11 + #7 - #4/2 - #6 * TAN［#3］	任意点是刀尖点的 X 坐标值（绝对值）
#13 = #8 - #5 - #6	任意点是刀尖点的 Z 坐标值（绝对值）
G00 X［#12 - #20］Y - #20	快速移动至当前层进刀点
G01 Z#13 F400	G01 下降至当前层
G03 X#12 Y0 R#20	1/4 圆弧切入进刀
I - #12 F1000	逆时针走整圆
X［#12 - #20］Y#20 R#20	1/4 圆弧切入退刀
G00 Y - #20	快速回到进刀点处
#6 = #6 + #16	赋值，每次递增量
END 1	循环结束
G00 Z30.	抬刀
M30	程序结束

2.5.5 零件加工实施方案答辩

本任务要求以小组为单位提交项目实施方案（内容包括图纸分析过程、零件加工准备过程、加工工艺制定及程序编制过程），纸质一份+电子稿一份，每一小组选择一名同学作为主讲人介绍项目实施方案，小组所有成员参加答辩，答辩成绩将占总成绩的 10%。

零件加工实施方案答辩评分表见表 2-5-8。

表 2-5-8　零件加工实施方案答辩评分表

姓名		班级		组号	
零件名称	数控铣复杂零件（X05）	工件编号		X05	
内容	具体方案	评分细则	得分	总分	
陈述阶段	小组成员不限制人员，陈述时间 5 min	内容叙述完整、正确（最高 3 分）			
		形象风度，有无亲和力（最高 2 分）			
		语言表达流畅（最高 1 分）			
答辩阶段	针对小组陈述内容，教师可提出问题，依据小组成员回答情况给予评分	回答问题正确度、完整度、清晰度、是否有说服力（最高 4 分）			

2.5.6　零件加工过程实施

KV650 数控车床设备相关操作参考项目 4。零件加工实施过程见表 2-5-9。

表 2-5-9　零件加工过程实施表

（1）机床上下电操作	见任务 2.1
（2）机床返回参考点操作	
（3）毛坯检测	
（4）刀具装夹	
（5）零件装夹	
（6）铣削底面	
（7）预钻 $\phi 9.7$ mm 孔	
（8）铰 $\phi 10$ mm 孔	
（9）钻 $\phi 8.5$ mm 孔	
（10）铣削沉孔	
（11）铣削 $\phi 80$ mm × 60 mm 外轮廓	
（12）铣削顶面	
（13）铣削沟槽轮廓	
（14）铣削 $\phi 44$ mm 孔	
（15）粗铣锥孔	
（16）精铣锥孔	

X05 零件加工过程

2.5.7 零件加工质量评价

1. 零件测量自评

在零件自检评分表 2-5-10 中自评结果处填入尺寸测量结果，不填不得分。

表 2-5-10 零件自检评分表

姓名			班级			组号	
零件名称		数控铣复杂零件（X05）		工件编号		X05	
序号	考核项目	检测项目	配分	评分标准	自评结果	互评结果	得分
1	形状（42分）	外轮廓	8	外轮廓形状与图纸不符，每处扣2分			
2		锥孔	10	是否锥孔，不是不得分			
3		$R8$ mm	12	是否圆角，每处2分			
4		$R38$ mm	4	是否圆角，每处2分			
5		$R7$ mm	4	是否沉孔，每处2分			
6		$R6$ mm	8	是否通孔，每处2分			
7	尺寸精度（50分）	$\phi(80\pm0.02)$ mm	12	超差不得分			
8		60 mm $\pm$ 0.02 mm	10	超差不得分			
9		$\phi(44\pm0.02)$ mm	12	超差不得分			
10		20 mm $\pm$ 0.05 mm	8	超差不得分			
11		5 mm $\pm$ 0.05 mm	8	超差不得分			
12	表面粗糙度（8分）	Ra3.2 μm	8	降一级不得分			
13	碰伤、划伤			每处扣1~2分（只扣分，不得分）			
	配分合计		100	得分合计			
	教师签字			检测签字			

2. 零件测量互评

在零件检测评分表 2-5-11 中互评结果处填入尺寸测量结果，不填不得分。

表 2-5-11 零件互检评分表

姓名			班级		组号	
零件名称		数控铣复杂零件（X05）		工件编号	X05	
序号	考核项目	检测项目	配分	评分标准	自评结果	互评结果	得分
1	形状（42 分）	外轮廓	8	外轮廓形状与图纸不符，每处扣 2 分			
2		锥孔	10	是否锥孔，不是不得分			
3		$R8$ mm	12	是否圆角，每处 2 分			
4		$R38$ mm	4	是否圆角，每处 2 分			
5		$R7$ mm	4	是否沉孔，每处 2 分			
6		$R6$ mm	8	是否通孔，每处 2 分			
7	尺寸精度（50 分）	$\phi(80\pm0.02)$ mm	12	超差不得分			
8		60 mm ± 0.02 mm	10	超差不得分			
9		$\phi(44\pm0.02)$ mm	12	超差不得分			
10		20 mm ± 0.05 mm	8	超差不得分			
11		5 mm ± 0.05 mm	8	超差不得分			
12	表面粗糙度（8 分）	$Ra3.2$ μm	8	降一级不得分			
13	碰伤、划伤			每处扣 1~2 分（只扣分，不得分）			
	配分合计		100	得分合计			
	教师签字			检测签字			

2.5.8 任务实施总结与反思

任务实施总结与反思见表 2-5-12。

表 2-5-12　零件加工方案实施问题与改进

姓名		班级		组号	
零件名称		数控铣复杂零件（X05）			
评价项目	评价内容	评价效果			
		非常满意	满意	基本满意	不满意
知识能力	能够正确识别图纸，并分析出工件尺寸的加工精度				
	能正确填写工艺卡片				
	能正确掌握工件加工精度控制方法				
	能正确掌握工件加工精度检验方法				
技术能力	能够穿好工作服，并按照操作规程的要求正确操作机床				
	能正确掌握量具、工具的使用，并做到轻拿轻放				
	能够根据图样正确分析零件加工工艺路线，并制定工艺文件				
	能够根据工艺文件正确编制数控加工程序				
	能够正确加工出合格零件				
素质能力	能够与团队成员做到良好的沟通，并积极完成组内任务				
	任务实施中能用流畅的语言，清楚地表达自己的观点				
	能正确反馈任务实施过程中遇到的困难，寻求帮助，并努力克服解决				

注：任务实施所有相关表单请扫描下方二维码下载获取，以便教师与学生在任务实施中使用。

X05 零件任务实施相关表单

任务 2.6 数控铣复杂任务——X06 零件加工

学习情景描述

在教师的组织安排下学生分小组完成 X06 零件的数控铣削加工。

学习目标

（1）掌握复杂凸台类零件数控加工工艺的制定内容与制定过程；
（2）掌握利用宏程序指令铣削圆锥凸台的方法；
（3）能够正确选择平面铣削、轮廓铣削以及钻孔时刀具的几何参数与切削用量；
（4）掌握零件加工过程中数控铣床操作方法以及零件加工质量精度控制方法；
（5）车间卫生及机床的保养要符合现代 7S 管理目标（整理、整顿、清扫、清洁、素养、安全、节约）。

2.6.1 零件图样分析

分析如图 2-6-1 所示零件的轮廓特征、尺寸精度、形位公差、技术要求和零件材料等。

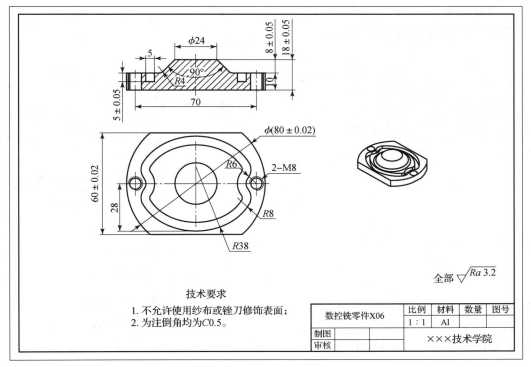

图 2-6-1 X06 零件图纸

2.6.2 学生任务分组

任务实施时，3~6人一组，学生自由组队完成任务分组。从零件图分析、加工过程准备、加工工艺与程序制定、零件加工实施方案答辩、零件加工过程实施、零件加工质量评价、任务实施总结和反思等几个方面，以小组为单位完成任务实施。学生任务分组见表2-6-1。

表2-6-1 学生任务分组表

班级		组号		指导老师	
组长		学号			
组员	姓名	学号	姓名	学号	备注
任务分工					

2.6.3 加工过程准备

1. 毛坯选择

材质：Al板材；规格：毛坯选择：φ85×65×25（mm）。

2. 设备选择

零件加工设备选择见表2-6-2。

表2-6-2 零件加工设备选择表

姓名		班级		组号	
零件名称		数控铣复杂零件（X06）			
工序内容	设备型号	夹具要求	主要加工内容		
1. 顶面轮廓加工	KV650	虎钳	1. 铣削顶面 2. 铣削φ80 mm×60 mm 外轮廓 3. 铣削8 mm 高台阶 4. 粗铣锥形凸台 5. 精铣锥形凸台 6. 铣削沟槽轮廓 7. 预钻φ6.8 mm 孔 8. 攻M8 螺纹孔		
2. 底面加工	KV650	虎钳	9. 铣削底面		

3. 刀具选择

零件加工刀具选择见表2-6-3。

表2-6-3 零件加工刀具选择表

姓名		班级		组号	
零件名称	数控铣复杂零件（X06）		毛坯材料		Al
工步号	工步内容	刀具			
		类型	材料	规格/mm	
1	铣削顶面	平面铣刀	硬质合金（YT）	φ80	
2	铣削φ80 mm×60 mm外轮廓	立铣刀	硬质合金（YT）	φ10	
3	铣削8 mm高台阶	立铣刀	硬质合金（YT）	φ10	
4	粗铣锥形凸台	立铣刀	硬质合金（YT）	φ10	
5	精铣锥形凸台	球铣刀	硬质合金（YT）	φ8	
6	铣削沟槽轮廓	立铣刀	硬质合金（YT）	φ4	
7	预钻φ6.8 mm孔	钻头	高速钢	φ6.8	
8	攻M8螺纹孔	丝锥	高速钢	M8	
9	铣削底面	平面铣刀	硬质合金（YT）	φ80	

4. 量具选择

零件加工量具选择见表2-6-4。

表2-6-4 零件加工量具选择表

姓名		班级		组号	
零件名称	数控铣复杂零件（X06）		毛坯材料		Al
序号	量具				
	类型	规格/mm		测量内容/mm	
1	游标卡尺	0~150		5，8，18，20	
2	外径千分尺	50~75，75~100		60，φ80	

2.6.4 加工工艺及程序制定

1. 加工工艺制备

零件机械加工工艺过程卡片见表2-6-5。

表 2-6-5　零件机械加工工艺过程卡片

姓名			班级			组号	
零件名称	数控铣复杂零件（X06）			零件图号		X06	
毛坯							
材料牌号		种类		规格尺寸/mm		单件重量	
Al		板材		$\phi 85 \times 65 \times 25$			
工序号	工序名称	工步号	工序工步内容	设备名称型号	工艺装备			简图
					夹具	刀具	量具	
1	下料		下 $\phi 85 \times 65 \times 25$（mm）板材	锯床				
2	检验		毛坯检验					
3	底面轮廓加工	1	铣削顶面	KV650	虎钳	见表2-6-3	见表2-6-4	
		2	铣削 $\phi 80$ mm × 60 mm 外轮廓					
		3	铣削 8 mm 高台阶					
		4	粗铣锥形凸台					
		5	精铣锥形凸台					
		6	铣削沟槽轮廓					
		7	预钻 $\phi 6.8$ mm 孔					
		8	攻 M8 螺纹孔					
4	顶面轮廓加工	9	铣削底面	KV650	虎钳			
5	检验		成品检验					

2. 数控加工程序编制

X06 零件工序 3 数控加工程序见表 2-6-6。

表 2-6-6　工序 3 数控加工程序表

工序 3 零件底面轮廓加工	程序注释
O0001	程序名：铣削顶面
加工部位轮廓图	
G90 G49 G54	绝对编程，取消长度补偿，用 G54 坐标系
M3 S1000	主轴正转，转速为 1 000 r/min
G00 X-95 Y0. M08	快速定位，冷却液开
G43 Z10 H1	调用 1 号长度补偿
G01 Z0 F1000	下刀到位
X95 F200	切削
G00 Z20. M09	退刀，冷却液关
G49 Z200 M05	取消刀具长度补偿，主轴停
M30	程序结束
O0002	程序名：铣削 φ80 mm×60 mm 外轮廓
G90 G49 G54	绝对编程，取消长度补偿，用 G54 坐标系
M3 S700	主轴正转，转速为 700 r/min
G00 X-40 Y-50 M08	快速定位，冷却液开
G43 Z5 H1	调用 1 号长度补偿
#1=1	给变量 #1 赋值
WHILE［#1LE21］DO1	判断当 #1 小于等于 21 时，执行 DO1 到 END 之间的程序
G01 Z-#1 F1000	下刀
G41 X-30 Y-40 D01 F100	加工轮廓
Y26.46	
G02 X30 R40	
G01 Y-26.46	
G02 X-30 R40	

续表

工序 3 零件底面轮廓加工	程序注释
O0002	程序名：铣削 φ80 mm×60 mm 外轮廓
G01 G40 X－40 Y－50	
#1 = #1 + 1	变量#1 加 1
END1	循环结束号
G00 Z20	退刀
G40 X0 Y0	取消半径补偿
G49 Z200	取消刀具长度补偿
M09	冷却液关
M05	主轴停
M00	程序停止
G54	用 G54 坐标系
M3 S1000	主轴正转，转速为 1 000 r/min
G00 X－40 Y－50 M08	快速定位，冷却液开
G43 Z5 H1	调用 1 号长度补偿
G01 Z－21 F1000	下刀
G41 X－30 Y－40 D01 F100	加工轮廓
Y26.46	
G02 X30 R40	
G01 Y－26.46	
G02 X－30 R40	
G01 G40 X－40 Y－50	取消半径补偿
G00 Z20	退刀
G40 X0 Y0	
G49 Z200	取消刀具长度补偿
M09	冷却液关
M05	主轴停
M30	程序结束
O0003	程序名：铣削 8 mm 高台阶
加工部位轮廓图	

续表

工序3 零件底面轮廓加工	程序注释
O0003	程序名：铣削8 mm高台阶
G90 G49 G54	绝对编程，取消长度补偿，用G54坐标系
M3 S700	主轴正转，转速为700 r/min
G00 X50 Y0 M08	快速定位，冷却液开
G43 Z5 H1	调用1号长度补偿
#1 = 1	给变量#1赋值
WHILE［#1LE8］DO1	判断当#1小于等于21时，执行DO1到END之间的程序
G01 Z − #1 F1000	下刀
X40 F100	加工轮廓
G03 I − 40	
G01 X35	
G03 I − 35	
G01 X30	
G03 I − 30	
X26.65 F100	
G03 I − 26.65	
#1 = #1 + 1	变量#1加1
END1	循环结束号
G00 Z20. M09	退刀
G40 X0 Y0	取消半径补偿
G49 Z200 M05	取消刀具长度补偿
M30	程序结束
O0004	程序名：粗铣锥形凸台
加工部位轮廓图	
#1 = 43.3	锥孔底部（大端）直径
#2 = 6.8	锥孔高度
#3 = 45	圆锥面与垂直面夹角
#4 = 10.4	刀具直径
#5 = 0	刀具圆角半径 R
#6 = 0	设为自变量，初始值为0
#16 = 0.2	每次递增量（等高）
#20 = 10	1/4圆弧切入进刀和切出退刀半径

续表

工序 3 零件底面轮廓加工	程序注释
O0004	程序名：粗铣锥形凸台
S1000 M03	主轴正转，转速为 1 000 r/min
G54 G90 G00 X0 Y0 Z30.	用 G54 坐标系，绝对编程，快速定位
#11 = #1/2 - #2 * TAN［#3］	锥孔顶部（小端）半径
#7 = #5 * ［1 - COS［#3］］	实际接触工件的刀位点（X 方向）
#8 = #5 * SIN［#3］	实际接触工件的刀位点（Z 方向）
WHILE［#6LE#2］DO 1	如果没有加工到锥面底部，继续循环 1
#12 = #11 - #7 + #4/2 + #6 * TAN［#3］	任意点是刀尖点的 X 坐标值（绝对值）
#13 = #8 - #5 - #6	任意点是刀尖点的 Z 坐标值（绝对值）
G00 X［#12 + #20］Y#20	快速移动至当前层进刀点
G01 Z#13 F400	G01 下降至当前层
G03 X#12 Y0 R#20	1/4 圆弧切入进刀
G02 I - #12 F1000	逆时针走整圆
G03 X［#12 + #20］Y - #20 R#20	1/4 圆弧切入退刀
G00 Y#20	快速回到进刀点处
#6 = #6 + #16	赋值，每次递增量
END 1	循环结束
G00 Z30	抬刀
M30	程序结束
O0005	程序名：精铣锥形凸台
加工部位轮廓图	
#1 = 43.3	锥孔底部（大端）直径
#2 = 6.8	锥孔高度
#3 = 45	圆锥面与垂直面夹角
#4 = 8	刀具直径
#5 = 0	刀具圆角半径 R
#6 = 0	设为自变量，初始值为 0
#16 = 0.2	每次递增量（等高）
#20 = 10	1/4 圆弧切入进刀和切出退刀半径
S1000 M03	主轴正转，转速为 1 000 r/min
G54 G90 G00 X0 Y0 Z30.	用 G54 坐标系，绝对编程，快速定位

续表

工序3 零件底面轮廓加工	程序注释
O0005	程序名：精铣锥形凸台
#11 = #1/2 - #2 * TAN［#3］	锥孔顶部（小端）半径
#7 = #5 * ［1 - COS［#3］］	实际接触工件的刀位点（X方向）
#8 = #5 * SIN［#3］	实际接触工件的刀位点（Z方向）
WHILE［#6LE#2］DO 1	如果没有加工到锥面底部，继续循环1
#12 = #11 - #7 + #4/2 + #6 * TAN［#3］	任意点是刀尖点的X坐标值（绝对值）
#13 = #8 - #5 - #6	任意点是刀尖点的Z坐标值（绝对值）
G00 X［#12 + #20］Y#20	快速移动至当前层进刀点
G01 Z#13 F400	G01下降至当前层
G03 X#12 Y0 R#20	1/4圆弧切入进刀
G02 I - #12 F1000	逆时针走整圆
G03 X［#12 + #20］Y - #20 R#20	1/4圆弧切入退刀
G00 Y#20	快速回到进刀点处
#6 = #6 + #16	赋值，每次递增量
END 1	循环结束
G00 Z30	抬刀
M30	程序结束
O0006	程序名：铣削沟槽轮廓
加工部位轮廓图	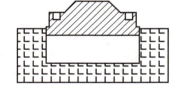
G90 G49 G54	绝对编程，取消长度补偿，用G54坐标系
M3 S700	主轴正转，转速为700 r/min
G00 X26 Y0 M08	快速定位，冷却液开
G43 Z5 H1	调用1号长度补偿
#1 = 1	给变量#1赋值
WHILE［#1LE5］DO1	判断当#1小于等于5时，执行DO1到END之间的程序
G01 Z - #1 F20	下刀
G03 X12 Y28.5 R36 F100	加工轮廓
X4.76 R6	
G02 X - 4.76 R8	
G03 X - 12 R6	
Y - 28.5 R36	
X - 4.76 R6	

续表

工序 3 零件底面轮廓加工	程序注释
O0006	程序名：铣削沟槽轮廓
G02 X4.76 R8	
G03 X12 R6	
X26 Y0 R36	
#1 = #1 + 1	变量#1 加 1
END1	循环结束号
G0 Z5	退刀
X25 Y0	快速定位
#1 = 1	给变量#1 赋值
WHILE［#1LE5］DO1	判断当#1 小于等于 5 时，执行 DO1 到 END 之间的程序
G01 Z - #1 F20	下刀
G03 X11.39 Y27.7 R35 F100	加工轮廓
X5.36 R5	
G02 X - 5.36 R9	
G03 X - 11.39 R5	
Y - 27.7 R35	
X - 5.36 R5	
G02 X5.36 R9	
G03 X11.39 R5	
X25 Y0 R35	
#1 = #1 + 1	变量#1 加 1
END1	循环结束号
G00 Z20. M09	退刀
G40 X0 Y0	取消半径补偿
G49 Z200 M05	取消刀具长度补偿，主轴停
M00	程序停止
G54	用 G54 坐标系
M3S 3000	主轴正转，转速 3 000 r/min
G00 X26 Y0 M08	快速定位，冷却液开
G43 Z5 H1	调用 1 号长度补偿
G01 Z - 5 F20	下刀
G03 X12 Y28.5 R36 F100	加工轮廓
X4.76 R6	
G02 X - 4.76 R8	
G03 X - 12 R6	
Y - 28.5 R36	

续表

工序3 零件底面轮廓加工	程序注释
O0006	程序名：铣削沟槽轮廓
X－4.76 R6 G02 X4.76 R8 G03 X12 R6 X26 Y0 R36 G0 Z5 X25 Y0 G01 Z－5 F20 G03 X11.39 Y27.7 R35 F100 X5.36 R5 G02 X－5.36 R9 G03 X－11.39 R5 Y－27.7 R35 X－5.36 R5 G02 X5.36 R9 G03 X11.39 R5 X25 Y0 R35 G00 Z20. M09 G40 X0 Y0 G49 Z200 M05 M30	 抬刀 快速定位 下刀 加工轮廓 退刀 取消半径补偿 取消刀具长度补偿 程序结束
O0007	程序名：钻 $\phi 6.8$ mm 孔
加工部位轮廓图	
G90 G49 G54 M3 S700 G00 X0 Y35 M08 G43 Z20 H1 G98 G81 R3 Z－25 F50 X0 Y－35 G80	绝对编程，取消长度补偿，用 G54 坐标系 主轴正转，转速为 700 r/min 快速定位，冷却液开 调用1号长度补偿 调用钻孔循环 孔位置坐标 取消钻孔循环

续表

工序 3 零件底面轮廓加工	程序注释
O0007	程序名：钻 $\phi 6.8$ mm 孔
G00 Z20. M09	退刀，冷却液关
G49 Z200 M05	取消刀具长度补偿，主轴停
M30	程序结束
O0008	程序名：攻 M8 螺纹孔
加工部位轮廓图	
G90 G49 G54	绝对编程，取消长度补偿，用 G54 坐标系
M3 S100	主轴正转，转速为 100 r/min
G00 X0 Y35 M08	快速定位，冷却液开
G43 Z20 H1	调用 1 号长度补偿
G98 G84 R-3 Z-23 F125	调用攻丝循环
X0 Y-35	孔位置坐标
G80	取消钻孔循环
G00 Z20. M09	退刀，冷却液关
G49 Z200 M05	取消刀具长度补偿，主轴停
M30	程序结束

X06 零件工序 4 数控加工程序见表 2-6-7。

表 2-6-7 工序 4 数控加工程序表

工序 4 零件顶面轮廓加工	加工部位轮廓图
O0009	程序名：铣削顶面
加工部位轮廓图	
G90 G49 G54	绝对编程，取消长度补偿，用 G54 坐标系
M3 S1000	主轴正转，转速为 1 000 r/min
G00 X-95 Y0. M08	快速定位，冷却液开

工序4 零件顶面轮廓加工	加工部位轮廓图
O0009	程序名：铣削顶面
G43 Z5 H1	调用1号长度补偿
#1 = 1	给变量#1赋值
WHILE [#1LE5] DO1	判断当#1小于等于5时，执行DO1到END之间的程序
G01 Z - #1 F1000	下刀
X95 F100	加工轮廓
G00 Z50	退刀
X - 95	快速定位
#1 = #1 + 1	变量#1加1
END1	循环结束号
G0 Z50 F1000	退刀
G0 G40 X0 Y0	取消半径补偿
G49 Z200	取消刀具长度补偿
M09	冷却液关
M05	主轴停
M00	程序停止
G54	用G54坐标系
M03 S1500	主轴正转，转速为1 500 r/min
G00 X - 95 Y0. M08	快速定位，冷却液开
G43 Z0 H1	调用1号长度补偿
G01 X95 F100	加工轮廓
G00 Z50	退刀
G0 G40 X0 Y0	取消半径补偿，冷却液关
G49 Z200	取消刀具长度补偿
M09	冷却液关
M05	主轴停
M30	程序结束

2.6.5 零件加工实施方案答辩

本任务要求以小组为单位提交项目实施方案（内容包括图纸分析过程、零件加工准备过程、加工工艺制定及程序编制过程），纸质一份+电子稿一份，每一小组选择一名同学作为主讲人介绍项目实施方案，小组所有成员参加答辩，答辩成绩将占总成绩的10%。

零件加工实施方案答辩评分表见表2-6-8。

表 2－6－8　零件加工实施方案答辩评分表

姓名		班级		组号	
零件名称	数控铣复杂零件（X06）		工件编号	X06	
内容	具体方案	评分细则		得分	总分
陈述阶段	小组成员不限制人员，陈述时间 5 min	内容叙述完整、正确（最高 3 分）			
		形象风度，有亲和力（最高 2 分）			
		语音表达流畅（最高 1 分）			
答辩阶段	针对小组陈述内容，教师可提出问题，依据小组成员回答情况给予评分	回答问题正确度、完整度、清晰度、是否有说服力（最高 4 分）			

2.6.6　零件加工过程实施

KV650 数控车床设备相关操作参考项目 4。零件加工实施过程见表 2－6－9。

表 2－6－9　零件加工过程实施表

步骤	
（1）机床上下电操作	见任务一
（2）机床返回参考点操作	
（3）毛坯检测	
（4）刀具装夹	
（5）零件装夹	
（6）铣削顶面	
（7）铣削 φ80 mm×60 mm 外轮廓	
（8）铣削 8 mm 高台阶	
（9）粗铣锥形凸台	
（10）精铣锥形凸台	X06 零件加工过程
（11）铣削沟槽轮廓	
（12）预钻 φ6.8 mm 孔	
（13）攻 M8 螺纹孔	
（14）铣削底面	

2.6.7 零件加工质量评价

1. 零件测量自评

在零件自检评分表 2-6-10 中自评结果处填入尺寸测量结果，不填不得分。

表 2-6-10 零件自检评分表

姓名		班级		组号		
零件名称		数控铣复杂零件（X06）		工件编号		X06
序号	考核项目	检测项目	配分	评分标准	自评结果	互评结果	得分
---	---	---	---	---	---	---	---
1	形状 （42 分）	外轮廓	8	外轮廓形状与图纸不符，每处扣 2 分			
2		锥孔	10	是否锥孔，不是不得分			
3		R8 mm	8	是否圆角，每处 2 分			
4		R38 mm	4	是否圆角，每处 2 分			
5		R6 mm	4	是否沉孔，每处 2 分			
6		M8	8	是否通孔，每处 2 分			
7	尺寸精度 （48 分）	$\phi(80\pm0.02)$ mm	10	超差不得分			
8		60 mm ± 0.02 mm	10	超差不得分			
9		18 mm ± 0.05 mm	8	超差不得分			
10		8 mm ± 0.05 mm	8	超差不得分			
11		5 mm ± 0.05 mm	8	超差不得分			
12	表面粗糙度 （10 分）	Ra3.2 μm	10	降一级不得分			
13	碰伤、划伤			每处扣 1~2 分（只扣分，不得分）			
	配分合计		100	得分合计			
	教师签字			检测签字			

2. 零件测量互评

在零件检测评分表 2－6－11 中互评结果处填入尺寸测量结果，不填不得分。

表 2－6－11　零件互检评分表

姓名		班级		组号		
零件名称	数控铣复杂零件（X06）		工件编号		X06	
序号	考核项目	检测项目	配分	评分标准	自评结果	互评结果	得分
1	形状 （42 分）	外轮廓	8	外轮廓形状与图纸不符，每处扣 2 分			
2		锥孔	10	是否锥孔，不是不得分			
3		$R8$ mm	8	是否圆角，每处 2 分			
4		$R38$ mm	4	是否圆角，每处 2 分			
5		$R6$ mm	4	是否沉孔，每处 2 分			
6		M8	8	是否通孔，每处 2 分			
7	尺寸精度 （48 分）	$\phi(80\pm0.02)$ mm	10	超差不得分			
8		60 mm ± 0.02 mm	10	超差不得分			
9		18 mm ± 0.05 mm	8	超差不得分			
10		8 mm ± 0.05 mm	8	超差不得分			
11		5 mm ± 0.05 mm	8	超差不得分			
12	表面粗糙度 （10 分）	$Ra3.2$ μm	10	降一级不得分			
13	碰伤、划伤			每处扣 1~2 分（只扣分，不得分）			
配分合计			100	得分合计			
教师签字				检测签字			

2.6.8　任务实施总结与反思

任务实施总结与反思见表 2－6－12。

表 2-6-12 任务实施总结与反思

姓名		班级		组号	
零件名称		数控铣复杂零件（X06）			
评价项目	评价内容	评价效果			
		非常满意	满意	基本满意	不满意
知识能力	能够正确识别图纸，并分析出工件尺寸的加工精度				
	能正确填写工艺卡片				
	能正确掌握工件加工精度控制方法				
	能正确掌握工件加工精度检验方法				
技术能力	能够穿好工作服，并按照操作规程的要求正确操作机床				
	能正确掌握量具、工具的使用，并做到轻拿轻放				
	能够根据图样正确分析零件加工工艺路线，并制定工艺文件				
	能够根据工艺文件正确编制数控加工程序				
	能够正确加工出合格零件				
素质能力	能够与团队成员做到良好的沟通，并积极完成组内任务				
	任务实施中能用流畅的语言，清楚地表达自己的观点				
	能正确反馈任务实施过程中遇到的困难，寻求帮助，并努力克服解决				

注：任务实施所有相关表单请扫描下方二维码下载获取，以便教师与学生在任务实施中使用。

X06 零件任务实施相关表单

项目3 数控机床概述

项目导读

知识目标

1. 掌握数控机床的分类和组成；
2. 了解数控系统的组成和各部分功能；
3. 掌握 CNC 单元的输入装置；
4. 掌握数控车床 NC 键盘和操作面板的功能；
5. 掌握数控铣床 NC 键盘和操作面板的功能。

技能目标

1. 能熟练识别数控车床工作方式按钮；
2. 能熟练手动控制数控车床 X、Z 坐标轴的正向和负向移动；
3. 能熟练手动控制数控铣床 X、Y 与 Z 坐标轴的正向和负向移动；
4. 能正确选择快移速度和慢速控制机床移动；
5. 能正确选择冷却、排屑、照明和润滑按钮；
6. 能正确区分循环启动、进给保持与电源启动和停止按钮；
7. 能正确选择跳段、单段、选择停等程序控制按钮。

素质目标

1. 具有正确的世界观、人生观和价值观；
2. 具有质量、效率意识；
3. 具有团队协作精神和沟通能力；
4. 具有吃苦耐劳、锐意进取的敬业精神；
5. 具有独立思考、求真务实和踏实严谨的工作作风。

项目描述

数控车床、数控铣床是典型的数控机床,其他还有数控磨床、数控钻床等,最早的数控机床产生于1952年,美国PARSONS公司与麻省理工学院(MIT)合作研制了世界第一台数控机床。

本项目主要介绍数控机床的组成、数控系统的组成和机床操作面板的描述。

任务 3.1　数控机床结构组成

数控机床主要由加工程序载体、数控装置、伺服系统、机床本体、其他辅助装置以及测量单元组成，如图 3-1-1 所示。

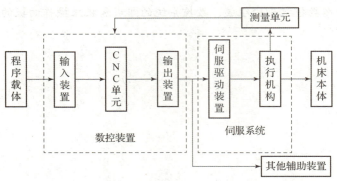

图 3-1-1　数控机床结构组成框图

3.1.1　程序载体

数控加工程序包含了机床主轴旋转速度、刀具移动轨迹以及辅助运动（换刀、冷却液开关等）等信息。通常用一定格式的 G 代码来表示数控加工程序，用于存储数控加工程序的媒介称为程序载体，如穿孔纸带、盒式磁带、软磁盘和 U 盘等，如图 3-1-2 所示。

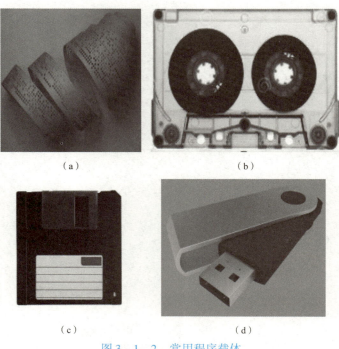

图 3-1-2　常用程序载体
(a) 穿孔纸带；(b) 磁带；(c) 软磁盘；(d) U 盘

3.1.2 数控装置

数控装置作为数控机床控制系统的核心,包含了输入装置、CNC(Computer Numerical Control)单元和输出装置三部分,如图3-1-3所示。

图3-1-3 数控装置

1. 输入装置

输入装置将数控程序的指令代码信息传递给CNC单元。根据程序载体的不同,主要输入方式有键盘输入、磁盘输入、U盘输入以及连接上级计算机的DNC(直接数控)输入,如图3-1-4所示。其中DNC输入方式多用于CAD/CAM软件自动生成加工程序的情况。

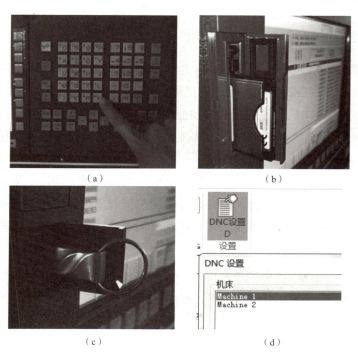

图3-1-4 程序输入方式
(a)键盘输入;(b)磁盘输入;(c)U盘输入;(d)DNC输入

2. CNC 单元

CNC 单元包含硬件和软件两部分。硬件部分实际就是一台专用微型计算机，包含了中央处理器、各种接口电路和 CRT 显示器等硬件。软件部分主要实现数控程序代码的编译、处理、刀具运动轨迹的插补运算等功能。如图 3-1-5 所示。

图 3-1-5　CNC 单元

3. 输出装置

输出装置嵌入在数控装置内部，将 CNC 单元处理过的数控指令代码信息以脉冲形式发送给伺服系统，从而驱动机床各个坐标轴按数控程序指令运动。

3.1.3　伺服系统

伺服系统是数控机床的重要组成部分，包含伺服驱动装置（如伺服驱动器、伺服电动机）和执行机构（如丝杠滑台）两大部分，用于实现数控机床的主轴伺服控制（主轴转速控制）和进给伺服控制（机床各坐标轴移动控制）。伺服系统接受数控装置插补运算处理过的指令信息，进行功率放大和整形处理，转换成执行机构的角位移或直线位移。

1. 伺服驱动装置

伺服驱动装置主要由伺服驱动器和伺服电动机组成。伺服驱动器驱动交流电动机转动类似于变频器驱动普通交流电动机转动。在数控机床中伺服驱动装置主要包括控制主轴旋转的伺服驱动器和伺服电动机，以及控制工作台移动的伺服驱动器和伺服电动机。

2. 执行机构

数控机床的执行机构主要包括主轴伺服电动机驱动的机床主轴，以及伺服电动机驱动固连于丝杠滑台的机床工作台。在数控车床上机床主轴常见于变频器驱动普通交流电动机通过主轴箱的减速机构控制。

3.1.4　测量单元

测量单元负责检测机床各坐标轴的位移信息，把执行机构的实际位移值转换为电信号反馈给数控装置，数控装置将实际位置与指令指定位置进行偏差比较，根据偏差计算结果不断向伺服系统发出移动到目标值所需要的位移指令。

3.1.5 机床本体

机床本体是数控机床的主体部件，包括床身、底座、立柱、横梁、滑座、工作台、主轴箱、进给机构、刀架及自动换刀装置等机械部件。

3.1.6 其他辅助装置

在数控机床中，用于辅助机床进行正常运行的气动、液压、冷却、润滑、排屑装置，回转工作台和数控分度头，防护、照明装置等均为辅助装置。

FANUC 数控车床介绍

FANUC 数控铣床介绍

任务 3.2　数控系统

数控系统是数字控制系统（Numerical Control System）的简称。数字控制（NC）在国家标准（GB 8129—1987）中定义为：用数字化信号对机床运动及其加工过程进行控制的一种方法。作为数控机床的控制部分，数控系统是整个数控机床的核心，从程序指令的输入、译码、刀补运算、插补运算到指令输出等都需要通过数控系统来完成。数控系统由硬件和软件两部分组成，其性能好坏直接决定了数控机床设备整体的加工性能。

3.2.1　数控系统硬件

数控系统硬件基本组成包括微机基本系统、人机对话界面接口、通信接口、进给轴控制接口、主轴控制接口和辅助控制接口等。

以 FUNAC Oi-MC 数控系统为例，其外观结构如图 3-2-1 所示，主要由显示器、键盘、手摇脉冲发生器、操作面板和 CF 卡通信口组成。在显示器和键盘的背面为数控系统的控制板及各种控制接口，如图 3-2-2 所示。整个数控系统可以用框图形式更加直观地表示，如图 3-2-3 所示。

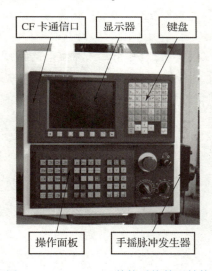

图 3-2-1　FUNAC 数控系统外观结构　　　　图 3-2-2　数控系统控制板及其接口

1. 微机基本系统

数控系统中的微机基本系统包含中央处理器（CPU）、存储器（RAM，ROM）、定时器、I/O 接口和总线（数据总线、地址总线和控制总线），具备基本的数据读取、存储、处理和输出功能。与单片机微控制系统类似，定时器提供 CPU 工作的时钟脉冲；RAM 用于存放零件加工程序，系统输入、输出数据，以及中间计算结果等，数控系统有专门的锂电池为 RAM 供电，保证系统断电时 RAM 中存储的数据不会丢失，当锂电池供电不足时更换电池即可；ROM 为只读存储器，主要用于存放数控系统软件的相关程序，断电后数据不会丢失；

总线用于指令与数据传输，由图 3-2-3 可以看出，CPU 与 RAM、ROM、定时器、I/O 及外部接口都需要通过总线进行联系。需要注意的是，外部设备不能直接与总线连接，需要通过 I/O 接口与外部设备接口连接，才能与总线连接。

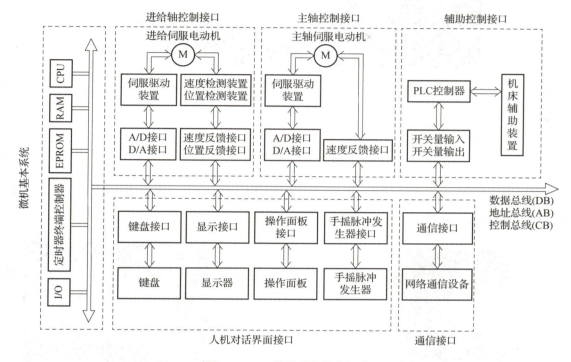

图 3-2-3 数控系统基本组成

2. 人机对话界面接口

人机对话界面由 NC 键盘、显示器、机床操作面板、手摇脉冲发生器组成，如图 3-2-4 所示，它们各自通过自己的接口电路与 I/O 接口连接从而与总线连接。

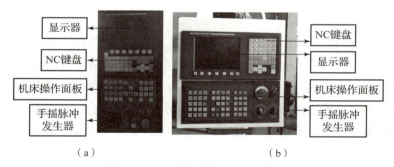

图 3-2-4 数控系统人机对话接口
(a) FUNAC 数控车床人机接口；(b) FUNAC 数控铣床人机接口

3. 通信接口

在数控车床配备的 FUNAC Oi Mate-TC 数控系统和数控铣床配备的 FUNAC Oi-MC 数控系统均只有 RS-232 串行通信接口，用于数控程序的网络传输，如图 3-2-5 所示。

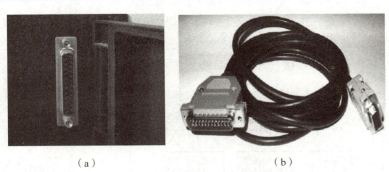

图3-2-5 数控车床与数控铣床通信接口及线缆控系统人机对话接口
(a) 机床端RS-232通信接口;(b) RS-232通信线缆

4. 进给轴控制接口

以数控车床FUNAC Oi Mate-TC数控系统为例,数控系统通过FSSB(串行高速总线)技术及光缆实现系统与伺服放大器(见图3-2-6)的连接,从而控制伺服电动机转动。进给轴控制接口如图3-2-7所示。

图3-2-6 进给轴伺服放大器及FSSB光缆接口

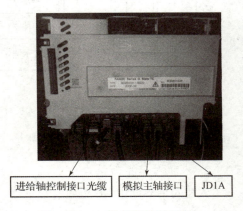

图3-2-7 数控系统硬件接口

5. 主轴控制接口

主轴控制接口有串行主轴接口(JA41)和模拟主轴接口(JA40)之分,二者之间的区别为:通过串行主轴接口控制的主轴电动机为数控系统专用的伺服电动机,采用数字信号控制,电动机驱动装置为伺服驱动器;通过模拟主轴接口控制的主轴电动机多为普通的三相异步电动机,采用0~10 V的模拟电压进行控制,驱动装置为变频器。在数控车床配备的FUNAC Oi Mate-TC数控系统中采用的主轴控制接口为模拟主轴接口(JA40),如图3-2-7所示。

6. 辅助控制接口

在数控加工程序中,G代码(G00~G99准备功能指令)和F代码(插补进给速度指令)由数控系统直接控制,然而M代码(如M08冷却液开)、S代码(主轴速度控制)和T代码(刀具选择)都属于机床加工过程中的辅助控制指令,这些控制指令均由PLC控制实现。这些来自机床辅助动作的输入、输出信号都是通过辅助控制接口I/O Link来实现的。I/O Link接口的线缆有两端,一端为JD1A(见图3-2-7),另一端为JD1B(见图3-2-8)。

图 3-2-8 数控系统辅助控制接口

3.2.2 数控系统软件

当把已经编写好的零件加工程序输入到数控系统中时,从输入到执行需要经过编译、数据处理、插补运算和位置控制等过程,这些都由数控系统软件来完成的。零件加工程序在数控系统中具体的工作流程如图 3-2-9 所示。

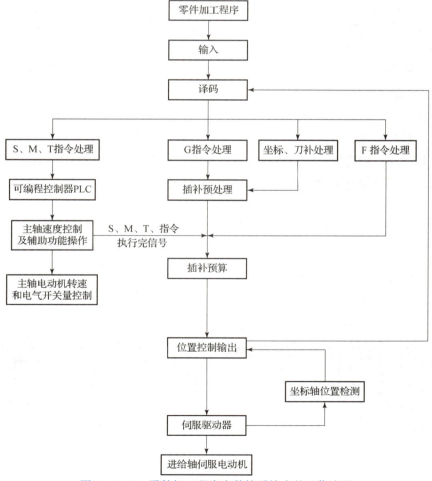

图 3-2-9 零件加工程序在数控系统中的工作流程

1. 零件加工程序执行过程

零件加工程序经手动输入或经通信接口传输到数控系统中，其中零件加工程序中包含了整个零件加工过程所包含的几何数据信息（刀具路径）、加工工艺信息（主轴转速、吃刀量和切削速度等）和辅助开关命令（冷却液、换刀等），译码的过程就是将这些不同的信息进行分离，分别存放到数控系统中相对应的存储位置，供下一步处理使用。

当一条程序指令译码完成之后，S 功能指令用于主轴转速控制，M（辅助功能）和 T（刀具功能）指令均为开关量的逻辑控制，均可由可编程控制器 PLC 控制实现；G（准备功能）指令用来规定刀具和工件的相对移动轨迹（直线或圆弧）、工件坐标系（G54）、刀具补偿（G41）等多种加工操作，结合 G 指令给定的坐标点以及刀具补偿等信息进行插补运算的预处理；F（进给功能）指令用于给定加工过程中刀具的移动速度。当所有功能指令处理完成以后，数控系统就可以对刀具的移动轨迹进行插补运算。

插补运算是整个数控系统控制的核心，所谓插补就是程序中给定刀具运动的起点和终点坐标，在刀具起点和终点之间，根据线段的特征（直线或圆弧），生成若干个坐标点的过程，也就是对线段的坐标点进行密化处理。插补运算完毕后得到的数据结果经 D/A 转换、放大器放大之后就可以驱动进给轴的伺服电动机按程序预定的轨迹运行。

2. 数控系统软件构成

数控加工程序从输入到运行，操作过程中每一个按键功能的实现都需要由数控系统软件来完成，总的来说数控系统软件需要完成两项任务：管理和控制。管理软件包括人机交互操作、操作界面显示和机床故障诊断等；控制软件包括译码处理、插补运算处理和机床工作台位置控制等。数控系统软件在硬件的支持下，管理和控制整个机床的各项工作，从而实现数控系统的各种功能，使数控机床能够按照操作者的要求运行，从而加工出合格的零件。数控系统软件的具体构成如图 3-2-10 所示。

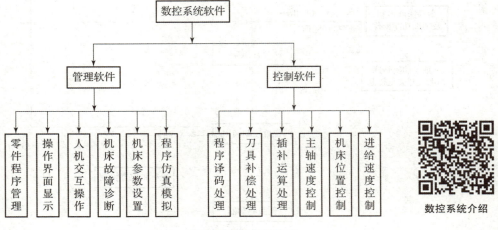

图 3-2-10　数控系统软件的构成

任务 3.3 数控机床面板介绍

数控机床的操作面板是数控机床的重要组成部件,操作人员可以通过操作面板对数控机床(系统)进行人机交互、程序输入与编辑、模拟与调试以及对机床(系统)内部参数进行设定和修改。操作人员对机床的大部分操作都需要通过操作面板来完成,操作面板还可以显示机床运行过程中的状态信息,其不但是数控机床的输入部件,还是重要的输出部件。操作面板主要由显示装置、NC 键盘、机床控制面板(Machine Control Panel,MCP)、手持单元等部分组成,如图 3-3-1 所示。

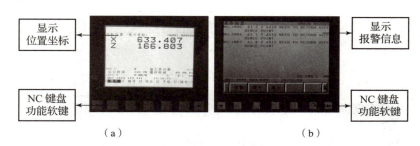

图 3-3-1 显示装置
(a) 数控车床显示装置;(b) 数控铣床显示位置

3.3.1 显示装置

数控系统的显示装置属于输出部件,用于显示机床状态信息,通过操作操作面板的按键,显示装置可以显示正在输入的程序、机床实际和相对坐标信息、零件加工图形模拟和机床报警信息等,如图 3-3-1 所示。

3.3.2 NC 键盘

NC 键盘是数控系统的输入部件,包括 MDI 键盘及功能软键,主要用于零件加工程序的输入、编辑,数控系统参数的输入、修改,以及显示装置显示界面的切换等,如图 3-3-2 和图 3-3-3 所示。

FANUC 数控车床面板操作

FANUC 数控铣床面板操作

1. 字母/数字按键

按下这些按键可以输入字母、数字等字符,需要注意的是在这个区域的按键都标有两个字符,若想输入按键上标有的另一个字符,只需先按下 ▨ 键,再按下该按键即可。

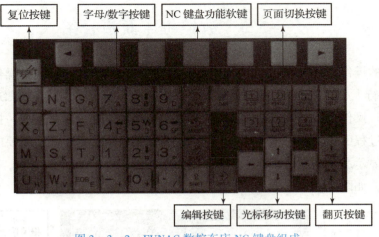

图 3-3-2 FUNAC 数控车床 NC 键盘组成

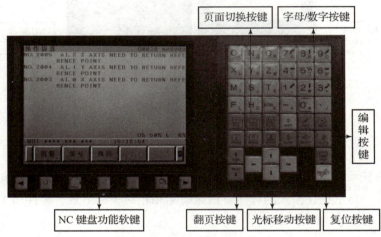

图 3-3-3 FUNAC 数控铣床 NC 键盘组成

2. 复位按键

机床出现故障报警，在解除报警后需要对 CNC 系统进行复位操作时按下此键。此外，在需要对零件加工程序进行复位时也可按下此键。

3. 页面切换按键

页面切换按键主要用于显示装置中机床坐标、零件加工程序、工件坐标系偏置、帮助文档、系统参数、机床信息以及图形模拟等显示信息之间的切换。页面切换按键功能说明见表 3-3-1。

表 3-3-1 页面切换按键功能说明

按键名称	功能说明
位置按键	按下此键可以显示机床的坐标系信息，有机械坐标、绝对坐标和相对坐标三种

续表

按键名称	功能说明
程序按键	当需要对零件加工程序进行输入或编辑时，按下此键后显示装置显示程序界面
偏置设定按键	当需要对设定工件原点坐标位置（即工件坐标系设定）以及精加工设定刀具磨损时，按下此键可完成相应操作
帮助按键	按下帮助按键，显示装置中出现帮助界面，对机床报警信息、零件加工程序基本的操作方法以及系统参数都有相应介绍
系统按键	当需要对机床进行参数修改、PLC梯形图查看时，按下系统按键
信息按键	按下信息按键，在显示装置中可以查看当前机床报警信息，以及开机后机床出现过的机床报警信息及报警代码
图形按键	当对编写完的零件加工程序进行仿真验证时，按下图形按键在显示装置中可以模拟刀具加工过程中的移动轨迹

4. 编辑按键

编辑按键主要用于零件加工程序的输入、修改、删除以及取消等操作，每个按键的功能见表3-3-2。

表3-3-2 编辑按键功能说明

按键名称	功能说明
程序修改按键	当需要对零件加工程序进行修改时，将光标移动到程序需要修改的字符位置，按下字母/数字按键输入相应的程序代码，此时程序代码被存储到键入缓冲区，且可以在显示装置的底部进行显示，再按下修改按键即可完成加工程序的修改
取消按键	按下此键可以取消已经输入到键入缓冲区的字符
插入按键	按下此键可以将键入缓冲区的程序代码插入到正在编辑的零件加工程序中的光标位置之后，也可在键入缓冲区输入程序名，以用于插入新程序
程序删除按键	用于删除正在编辑的零件加工程序光标位置区域的程序代码
输入按键	在修改刀具磨损/磨耗值时，按下此按键可以将键入缓冲区的磨耗值输入到系统中

5. 光标移动按键

光标移动按键可以使显示装置中的光标进行上、下、左、右四个方向移动,从而方便操作者查看和编辑显示器不同位置的信息。

6. 翻页按键

当需要对多页内容进行查看时,按下翻页按键可以实现显示器显示画面的快速切换。

7. NC 键盘功能软键

在页面切换按键中,按下不同的按键,功能软键中的每个按键就会被赋予特定的功能,从而实现显示装置显示界面的切换,完成系统相应的操作。

3.3.3 机床控制面板

机床控制面板用于程序在编辑、调试、运行和加工过程中机床动作的控制,主要有机床工作模式选择、程序运行控制、机床辅助动作控制、主轴转速控制和刀具进给控制等功能,如图 3-3-4 和图 3-3-5 所示。

图 3-3-4 FUNAC 数控车床控制面板组成

图 3-3-5 FUNAC 数控铣床控制面板组成

项目3 数控机床概述

1. 机床工作模式选择按钮

按下这些按钮可以使机床进入不同的工作模式，主要有自动运行模式、MDI 模式、编辑模式、回参考点模式、手动模式、增量模式和手轮模式等。每个按钮的功能见表 3-3-3。

表 3-3-3 机床工作模式选择按钮功能说明

按钮名称	数控车	数控铣	功能说明
自动运行模式按钮			当需要运行已经编辑好的零件加工程序时，按下此按钮机床进入加工准备状态
MDI 模式按钮			当运行比较简单的几行程序时可以按下 MDI（手动数据输入）模式按钮，比如换刀、设定机床转速等
编辑模式按钮			当需要对零件加工程序进行输入、修改、删除等编辑操作时按下此按钮
手动模式按钮			当需要对机床的各坐标轴进行移动时（快速进退刀时常用）可以选择手动模式，即按下此按钮
手轮模式按钮			当机床的各坐标轴进行移动时（对刀时常用）也可以选择轮模式，即按下此按钮
回参考点模式	无		数控铣床采用的是相对编码器，在每次数控系统开机后需要回参考点操作，以确认机床的机械原点，而数控车床采用绝对编码器，无须回参考点
增量模式	无		当想机床坐标轴按照指定的步进量移动式时，选择增量模式按钮

2. 程序运行控制按钮

程序运行控制按钮主要用于机床自动运行模式下的程序控制，比如机床模拟运行、程序单段运行以及跳步运行等。每个按钮的功能见表 3-3-4。

表 3-3-4 程序运行控制按钮功能说明

按钮名称	数控车	数控铣	功能说明
机床锁住按钮			按下此按钮，机床各坐标轴将停止进给，多用于零件加工程序的模拟验证
程序空运行按钮			空运行按钮被按下后机床坐标轴将按照 G00 固定速度进给，与机床锁住按钮配合使用，多用于零件加工程序的快速模拟

203

续表

按钮名称	数控车	数控铣	功能说明
程序跳步运行按钮			自动模式下按下此按钮，程序运行时跳过开头带有"/"符号的程序段
程序单段运行按钮			自动模式下按下此按钮，每按一次循环启动按钮程序只运行一个程序段，多用于程序调试
循环启动按钮			用于自动模式下数控程序的运行
进给保持按钮			数控程序运行时，按下此按钮，基础各坐标轴停止运动，但主轴仍运转，机床处于程序保持状态

3. 增量进给倍率选择按钮

当数控铣床在增量模式下选择该四个按钮中的某一个时，机床坐标轴的步进量分别为 0.001 mm、0.01 mm、0.1 mm 和 1 mm，数控车床无增量模式。

4. 手轮/快速进给倍率选择按钮

数控铣床在手轮模式下可以控制机床坐标轴的步进量，在手动模式下可以控制机床坐标轴快速移动时的进给速度。

5. 坐标轴进给控制按钮

在手动模式下可以通过坐标轴进给控制按钮来实现机床各坐标轴的移动方向，每个按钮的功能如表 3-3-5 所示。

表 3-3-5 坐标轴进给控制按钮功能说明

按钮名称	数控车	数控铣	功能说明
X 轴进给控制按钮			手动模式下，通过该类按钮可以控制机床 X 轴坐标移动
Y 轴进给控制按钮	无		手动模式下，通过该类按钮可以控制机床 Y 轴坐标移动
Z 轴进给控制按钮			手动模式下，通过该类按钮可以控制机床 Z 轴坐标移动

续表

按钮名称	数控车	数控铣	功能说明
快速移动按钮	∿	∿	手动模式下控制坐标轴移动时，同时按下快速移动按钮，机床坐标轴会快速移动

6. 主轴旋转控制按钮

数控车床操作面板具备主轴正转、主轴停转、主轴反转、主轴降速、主轴点动和主轴升速六个控制按钮；数控铣床操作面板只有主轴正转、主轴停止和主轴反转三个按钮，在主轴转动过程中可以通过主轴转速旋转按钮来控制主轴的旋转速度。

7. 自动模式下进给倍率调节旋钮

机床自动加工过程中通过进给倍率旋转按钮来调节机床坐标轴的进给速度。

8. 主轴转速调节旋钮

在数控铣床上用于主轴转速调节。

9. 数控系统开关按钮

用于控制数控系统的开关操作。

10. 机床辅助动作按钮

机床照明、冷却液开关和超程解除等按钮操作均属于机床辅助动作的范畴。

项目4　数控车床操作

项目导读

知识目标

1. 掌握数控车床对刀原理；
2. 掌握数控车床参考点和机床原点的意义；
3. 掌握数控车床加工程序校验的操作要领；
4. 掌握数控车床的两个坐标轴方向；
5. 了解数控车床维护的内容。

技能目标

1. 能操作数控车床正常开关机和上下电；
2. 能操作数控车床正常返回参考点；
3. 能使用数控车床NC键盘输入数控加工程序；
4. 能正确操作数控车床面板，校验程序；
5. 能正确调整和显示刀路轨迹画面；
6. 能正确对编制的数控车床程序进行自动加工；
7. 能对数控车床进行日常维护。

素质目标

1. 具有质量、效率意识；
2. 具有文明生产的思想意识；
3. 具有团队协作精神和沟通能力；
4. 具有吃苦耐劳、锐意进取的敬业精神。

项目描述

数控车床作为最基本的数控机床之一，掌握正确使用该设备的操作技术十分必要。本项目将以配备 FANUC Oi Mate – TC 系统的 CAK5085di 数控车床为载体,详细介绍在零件加工中数控车床的操作过程。CAK5085di 数控车床如图 4 – 0 – 1 所示。

图 4 – 0 – 1　CAK5085di 数控车床

任务 4.1　数控车床开关机及数控系统上下电

在数控车床上装夹工件和刀具之前需要先对机床进行开机操作,在零件加工完成后对数控车床进行关机操作,其操作顺序和步骤如下。

4.1.1　数控车床开机操作

1. 开机

在机床侧面有机床总电源开关,处于 OFF 状态时为机床断电状态(见图 4-1-1),顺时针旋转开关从 OFF 状态到 ON 状态(见图 4-1-2),完成机床开机操作。

图 4-1-1　机床总电源开关

图 4-1-2　顺时针旋转完成开机操作

2. 数控系统上电

在机床操作面板上按下数控系统"启动"按钮(见图 4-1-3),数控系统处于上电状态(见图 4-1-4),几秒钟后数控系统上电完成,但机床处于急停报警状态(见图 4-1-5)。

图 4-1-3　数控系统上电操作

图 4-1-4　数控系统上电状态

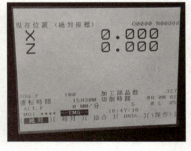

图 4-1-5　数控系统上电完成

3. 解除急停报警

因为"急停"按钮是按下的状态,所以数控系统上电后会显示急停报警,此时向右旋转"急停"按钮(见图 4-1-6),"急停"按钮弹出后,报警状态自动解除(见图 4-1-7)。

项目4 数控车床操作

图4-1-6 解除急停操作

图4-1-7 报警解除状态

4.1.2 数控车床关机操作

1. 按下"急停"按钮

机床关机前要先按下"急停"按钮（见图4-1-8），以减少电流对系统硬件形成的电冲击，保护设备，按下"急停"按钮后系统处于急停报警状态（见图4-1-9）。

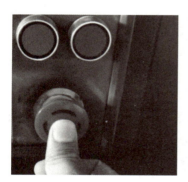

图4-1-8 按下"急停"按钮

图4-1-9 机床报警状态

2. 数控系统下电

在机床操作面板上按下数控系统"关闭"按钮（见图4-1-10），数控系统断电，显示器关闭（见图4-1-11）。

图4-1-10 关闭数控系统

图4-1-11 数控系统下电状态

3. 关机

将机床总电源开关由 ON 状态逆时针旋转至 OFF 状态，完成机床关机，如图 4-1-12 所示。

FANUC 数控车床开关机

图 4-1-12　逆时针旋转机床总电源开关

任务 4.2　数控车床回参考点操作

　　CAK5085di 数控车床在 X 轴和 Z 轴伺服电动机末端均安装了绝对编码器,绝对编码器由机械原理记忆坐标位置,下电后坐标位置不会丢失,系统可以直接读取,故采用绝对编码器的数控机床无须回参考点。

任务 4.3 数控车床加工程序输入操作

数控机床开机回参考点后就可以在机床上输入已经编制好的加工程序,数控加工程序的输入有多种方式,CAK5085di 数控车床目前主要支持手动输入和内存卡输入。

4.3.1 手动输入

手工编写的程序可以在机床上手动直接输入,具体输入方法和步骤如下:

1. 机床进入编辑模式

在机床控制面板按下"编辑"模式按钮 ,使系统进入编辑状态,在数控系统 NC 键盘按下"程序"按键 ,系统进入程序界面,如图 4-3-1 所示。

2. 新建程序名

按下功能软键区的"DIR"(目录)软键(见图 4-3-2),通过 NC 键盘输入程序名 Oxxxx,在显示器的缓冲区显示输入的程序名(见图 4-3-3),按下"插入"按键 ,进入程序编辑界面(见图 4-3-4)。

图 4-3-1 程序界面

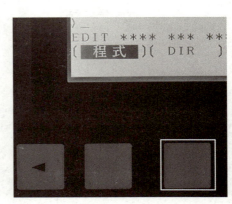

图 4-3-2 "DIR"软键

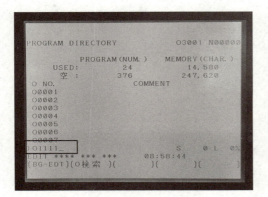

图 4-3-3 缓冲区键入程序名

图 4-3-4 程序编辑界面

3. 手动输入加工程序

以表4-3-1所示的加工程序为例，每一行即每一个分号前面的代码为一个程序段，在输入程序时，每输入一个程序段进入缓冲区（见图4-3-5）就需要按下NC键盘区的"插入"按键 ，直至最后输入完所有程序（见图4-3-6）。

表4-3-1 零件加工程序示例

程序	注释
O1111;	程序名
T0101;	换1号刀具，1号刀补
M08;	冷却液开
M03 S500;	主轴正转 500 r/min
G00 X29 Z2;	刀具快速定位
G01 Z-30 F0.2;	刀具线性进给至 Z 轴 -30 mm 位置，进给量 0.2 mm/min
X32;	刀具线性进给至 X 轴 32 mm
G00 Z2;	快速退刀至 Z 轴 2 mm
X26	刀具快速移动至 X 轴 26 mm
G01 Z-20 F0.2	刀具线性进给至 Z 轴 -20 mm 位置，进给量 0.2 mm/min
X32;	刀具线性进给至 X 轴 32 mm
G00 X100 Z100;	快速退到
M09;	冷却液关
M05;	主轴停止
M30;	程序停止

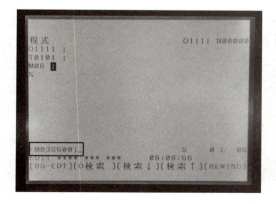

图4-3-5 程序段输入到缓冲区

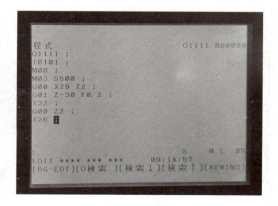

图4-3-6 输入完整程序

在程序输入过程中，当输入缓冲区的程序出现错误时按下"取消"键取消输入（见图4-3-7），当缓冲区中的程序已经键入到显示器中，程序出现错误时，通过光标按键将光标移动到需要删除的区域，按下"删除"键进行删除（见图4-3-8）；或者把正确的程序输入到缓冲区，按下"修改"键进行修改（见图4-3-9）。

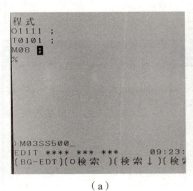  

（a） （b） （c）

图4-3-7 在缓冲区取消错误输入方法

（a）缓冲区输入程序；（b）按取消键取消；（c）取消后错误消失

（a） （b） （c）

图4-3-8 利用删除键删除错误

（a）程序输入出错；（b）"删除"键删除；（c）错误消除

 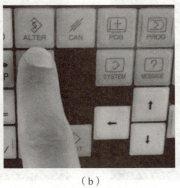 

（a） （b） （c）

图4-3-9 利用修改键修改程序

（a）输入正确程序代码到缓冲区；（b）按下"修改"按键；（c）程序代码被修改

4.3.2 内存卡输入

我们除了可以直接在机床上输入加工程序以外,还可以通过电脑的记事本文件传输程序,以减少子机床站立输入的时间。具体方法为:在电脑上新建.txt 记事本文件,写入零件的加工程序(图 4-3-10),关闭记事本文件,将文件后缀名改为.nc 文件即可,文件名称对应零件加工程序的命名规则(O0001~O9999)。另外通过 CAM 软件编写的零件加工程序,也可以通过内存卡的方式输入到机床中。

图 4-3-10　在电脑输入程序代码

1. 读取存储卡文件

机床与内存卡建立联系的方法如下:修改 I/O 传输通道,设定 I/O CHANNEL=4 之后,机床就可以读取存储卡文件了。

具体方法:

(1)在机床内存卡接口插入内存卡(见图 4-3-11),按下"MDI"按键 ，机床进入 MDI 模式。

(2)按下"OFFSET"按键 ，显示偏置界面,如图 4-3-12 所示。

图 4-3-11　插入内存卡

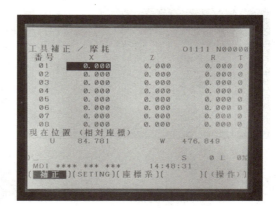

图 4-3-12　偏置界面

(3) 按下功能软键区（显示器下方）的"SETTING"设定软键（见图 4-3-13），显示出参数设定界面，通过光标移动键将光标移动到 I/O 通道设定区域（见图 4-3-14）。

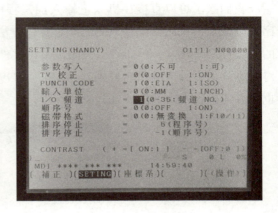

图 4-3-13　按下"SETTING"软键　　　　图 4-3-14　参数设定界面

(4) 设定 I/O CHANNEL=4：在缓冲区输入 4，按下"输入"按键 ，设定 I/O 通道=4，如图 4-3-15 所示。

2. 显示器显示存储卡中的程序

具体方法：

(1) 按下"编辑"按键 ，机床进入编辑模式。

(2) 按下"程序"按键 ，显示出程序界面。

(3) 按下功能软键区的"向后扩展"软键 ，显示出"CARD"程序界面，如图 4-3-16 所示。

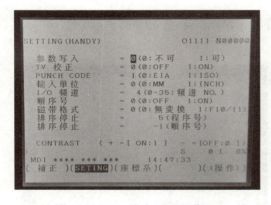

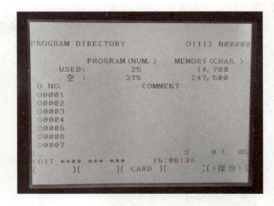

图 4-3-15　设定 I/O 通道=4　　　　图 4-3-16　带有"CARD"程序界面

(4) 按下功能软键区的"CARD"软键（见图 4-3-17），显示器显示内存卡程序，如图 4-3-18 所示。

项目4 数控车床操作

图4-3-17 按下"CARD"软键

图4-3-18 内存卡程序界面

3. 程序从存储卡传输到机床中

(1) 在内存卡程序界面按下"操作"功能软键(见图4-3-19),显示文件操作界面(见图4-3-20)。

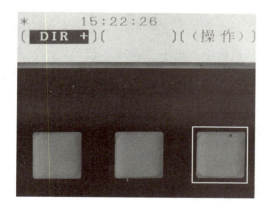

图4-3-19 按下"操作"软键

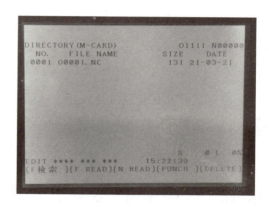

图4-3-20 文件操作界面

(2) 按下"F READ"软键(见图4-3-21),读取存储卡程序,显示文件读取界面(见图4-3-22)。

图4-3-21 按下"F READ"软键

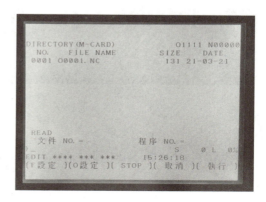

图4-3-22 文件读取界面

(3) 设定要读取的文件序号，在缓冲区输入1，选择存储卡中的序号1程序，按下"F设定"软键，文件号变为1，如图4-3-23所示。

(4) 设定传输到机床中的程序名，在缓冲区输入"1111"，按下"O设定"软键，程序号变为1111，如图4-3-24所示。

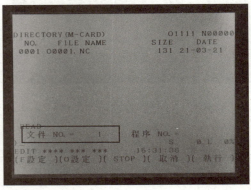

图4-3-23　设定文件号　　　　　　　　图4-3-24　设定程序名

(5) 按下"执行"软键，将选中的程序读入到机床中，按下"程序"按键 ，显示器显示读入的程序，如图4-3-25所示。

4. 程序从机床传输到存储卡中

(1) 在如图4-3-25所示显示的程序界面按下"向后扩展"按键，显示程序传出界面，如图4-3-26所示。

图4-3-25　显示读入的程序　　　　　　图4-3-26　程序传出界面

(2) 按下"PUNCH"按键，显示出执行界面（见图4-3-27），再按下"执行"软键，程序传出到存储卡中，找到存储卡中的程序可以看出文件名以程序名命名（见图4-3-28）。

 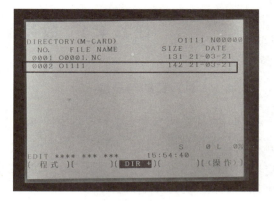

图 4-3-27　程序传出执行界面　　　　图 4-3-28　程序传出到存储卡

FANUC 数控车床数控程序输入与校验

任务 4.4　数控车床对刀原理与操作

4.4.1　对刀目的与原理

对刀之前先回参考点，数控机床回参考点的过程就是刀具寻找机床坐标原点的过程，也就是刀具建立机床坐标系的过程。当回参考点操作完成后，刀具无论如何移动，数控系统都可以通过测量与反馈装置（编码器）实时监测刀具的位置信息，也就是 X 轴和 Z 轴的机床坐标。

在编程时工件坐标系原点也就是编程原点一般建立在工件一端的平面中心。对刀时就需要通过移动刀具，使刀具寻找到编程原点（见图 4-4-1），然后把编程原点在机床坐标系的位置告知数控系统。对刀的过程就是刀具寻找工件坐标系原点（编程原点）的过程，也就是建立工件坐标系的过程。当通过对刀把编程原点告知数控系统以后，数控系统在读取零件加工程序时就可以实时地将刀具在工件坐标系的位置转换为在机床坐标系的位置。

数控车床常用刀具对刀操作

图 4-4-1　试切法寻找编程原点

总之，工件坐标系原点是技术人员的编程基准点，而机床坐标系原点是数控系统运行的坐标基准点，对刀操作完成后二者在数控系统中就建立起了位置关系，有效地解决了编程原点与机床坐标系原点不重合的问题，编程时只需考虑工件坐标系而无须考虑机床坐标系，从而方便了技术人员编程。

4.4.2　数控车床对刀操作

数控车床一般采用试切法对刀，工件和刀具装夹完毕后，驱动主轴旋转，移动刀具试切工件右侧端面，在相应刀具偏置中的刀号位置输入"Z0"，系统会自动将此时刀具的 Z 坐标（机床坐标）减去刚才输入的数值"Z0"，即得工件坐标系 Z 原点的位置。移动刀架至工件并试切一段外圆，然后保持 X 坐标不变移动 Z 轴刀具离开工件，测量出该段外圆的直径。将其相应刀具偏置中的刀号位置输入 X 值（测量的外圆直径值），系统会自动用刀具当前 X 坐标减去试切出的那段外圆直径，即得到工件坐标系 X 原点的位置。具体操作方法如下：

1. Z 方向对刀

（1）MDI 模式下给定主轴转速。数控车床第一次开机后一般可以通过程序来给定主轴转速，按下"MDI"按钮 进入 MDI 模式，按下"程序"按键 显示 MDI 程序界面，输入主轴正转指令（见图 4-4-2），按下"循环启动"按钮 主轴开始按照指定转速正转。

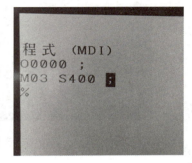

图 4-4-2 主轴正转程序

（2）MDI 模式下调用相应刀具。在 MDI 模式下输入相应的刀具号和刀补号，按下"循环启动"按钮可以调用相应刀具，如图 4-4-3 所示。

（3）手轮模式下试切工件右侧端面。按下"手轮模式"按钮 ，机床进入手轮模式，手摇脉冲发生器的轴选择开关 选择刀具的进给轴，手轮（见图 4-4-4）控制刀具的进刀与退刀，顺时针旋转为退刀，逆时针旋转为进刀，"倍率选择"按钮 控制每个手轮脉冲下刀具的移动量。

图 4-4-3 刀具调用程序

图 4-4-4 手轮

按下"X100 倍率"按钮 （刀具步进量 0.1 mm），转动手轮可使刀具快速移动，当刀具移动到接近工件时，按下"×10"倍率按钮 （刀具步进量 0.01 mm），通过选择轴选择开关和转动手轮使刀具至如图 4-4-5 所示位置，并和工件产生轻轻接触。轴选择开关拨到"X"位置，顺时针转动手轮 ，X 方向退刀至如图 4-4-6 所示位置。轴选择开关 打到"Z"位置，按下"×100"倍率按钮 ，逆时针转动手轮 5 个小格，刀具 Z 方向移动 0.5 mm，如图 4-4-7 所示。轴选择开关打到"X"位置，按下"×10"倍率按钮，逆时针转动手轮车削工件至端面中心（见图 4-4-8），然后再顺时针转动退出刀具（见图 4-4-9）。按下"复位"按键主轴停止转动（见图 4-4-10）。试切工件右侧端面完成。

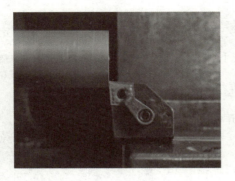

图 4-4-5 刀具距离外圆 2~3 mm

图 4-4-6 X 方向退出刀具

图 4-4-7 沿 Z 方向进刀 0.5 mm

图 4-4-8 沿 X 方向车削至中心

图 4-4-9 车削至端面中心后 X 方向退刀

图 4-4-10 复位后主轴停止

（4）显示刀具偏置界面。按下"OFS/SET"按键，显示如图 4-4-11 所示界面，按下"补正"软键（见图 4-4-12），显示刀具补正界面（见图 4-4-13），在刀具补正界面中有"磨耗"和"形状"两个界面，"磨耗"为刀具磨损值修改界面（精加工使用），

"形状"为工件坐标系设定界面,按下"形状"软键(见图4-4-14),显示如图4-4-15所示刀具形状界面,由于刀架只能安装4把刀具,因此只使用刀具表中番号为01、02、03和04的刀具号。

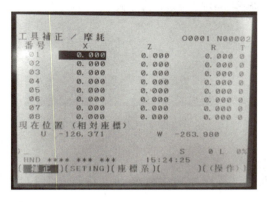

图4-4-11 刀具偏置界面

图4-4-12 功能区"补正"软键

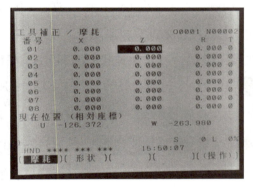

图4-4-13 刀具补正界面

图4-4-14 功能区"形状"软键

(5)输入"Z0"值。在输入缓冲区输入"Z0"(见图4-4-16),按下"测量"按键(见图4-4-17),数控系统会利用刀具在当前机床坐标系中的位置减去零,在显示器中显示的就是工件坐标系原点在机床坐标系中的Z轴坐标值,如图4-4-18所示。

图4-4-15 刀具形状界面

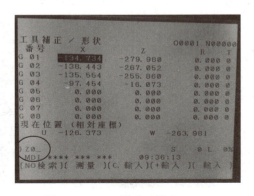

图4-4-16 缓冲区输入"Z0"

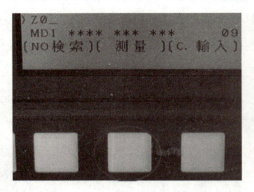 

图 4-4-17　按下"测量"按键　　　　图 4-4-18　坐标系原点的 Z 方向机床坐标

2. X 方向对刀

（1）手动模式下给定主轴转速。当机床开机通过程序给定主轴转速，运行并复位后，可以通过手动模式运行主轴，方法为：按下"手动模式"按钮，机床进入手动模式，再按下"主轴正转"按钮，机床按照第一次 MDI 模式下程序指定的转速转动，主轴转动过程中可以通过"主轴升速"和"主轴降速"按钮来调节转速。

（2）手轮模式下试切工件外圆。与试切工件端面类似，刀具快速接近工件后，按下"×10"倍率按钮，通过选择轴选择开关和转动手轮使刀具为如图 4-4-19 所示位置，并和工件产生轻轻接触。轴选择开关拨到"Z"位置，顺时针转动手轮，Z 方向退刀至如图 4-4-20 所示位置。轴选择开关拨到"X"位置，按下"×100"倍率按钮，逆时针转动手轮 5 个小格，刀具沿 X 负方向移动 0.5 mm（见图 4-4-21）；轴选择开关拨到"Z"位置，按下"×10"倍率按钮，逆时针转动手轮车削外圆约 10 mm 长度，如图 4-4-22 所示。然后再顺时针转动手轮退出刀具（见图 4-4-23）较长一段距离。按下"复位"按键，主轴停止转动，试切工件外圆完成，并用千分尺测量工件的外圆直径（见图 4-4-24）。

图 4-4-19　刀具与工件接触距离端面 2~3 mm　　　图 4-4-20　Z 方向退出刀具

图4-4-21 X方向进刀0.5 mm（直径值）

图4-4-22 Z方向长度试切约10 mm

图4-4-23 Z方向退出刀具

图4-4-24 千分尺测量外圆直径

（3）显示刀具偏置界面。与Z方向对刀显示刀具偏置界面的方法一样，按下"OFS/SET"按键 ，按下"补正"软键，在刀具补正界面按下"形状"软键，显示工件坐标系设定界面。

（4）输入试切外圆的直径值。在输入缓冲区输入千分尺测量的外圆直径值，例如"X29.763"，如图4-4-25所示，按下"测量"软键，数控系统会利用刀具在当前机床坐标系中的位置减去29.753，得到的机床坐标就是工件坐标系原点X轴的机床坐标，并在显示器中显示，如图4-4-26所示。

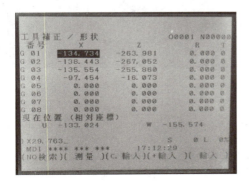

图4-4-25 缓冲区输入外圆直径　　　　图4-4-26 坐标系原点的X方向机床坐标

任务4.5　数控车床零件加工程序校验

一般情况下零件加工程序输入到数控系统中，通过对刀操作完成工件坐标系设定之后，就可以对零件加工程序进行校验了。程序校验可以是图形仿真的方式，也可以是程序单段运行方式。图形仿真模拟方式可以检查程序运行过程中刀具轨迹的正确与否；单段运行方式则依靠人工逐段检查程序代码的正确性，检查当前程序段无误后按一次"循环启动"按钮，程序只执行当前程序段，然后再检查下一段程序，检查无误后再按下"循环启动"按钮执行，直到程序执行完毕。单段运行多用于首件试切过程中程序边执行、边人工校验。

4.5.1　程序图形仿真校验

以表4-5-1所示的加工程序为例，编辑模式下将程序完整地输入到数控系统，通过手动和手轮模式完成工件坐标系设定，就可以进行图形仿真校验了。具体操作如下：

（1）按下"自动模式"按钮 ，机床进入加工状态。

（2）按下"机床锁住"按钮 ，在程序运行过程中各个进给轴锁住不动，防止仿真过程中撞刀，但在显示器中可以显示刀具位置的变化。

（3）按下"空运行"按钮 后，所有的F进给指令失效，机床全部以G00设定的速度运行，这样可以提高图形仿真过程中的运行速度。

（4）图形显示设置。

①设置图形中工件长度和直径。按下"图形"按键 ，显示图形参数设置画面（见图4-5-1），可以设定工件长度W和工件直径D，单位为0.001 mm，也就是说长度为40 mm、直径为30 mm的工件，输入值应当为D=40 000，W=30 000，输入方法为：将光标键移动到所需设置的参数处，在缓冲区输入相应的数据，然后按"输入"按键 ，如图4-5-2所示。

图4-5-1　图形参数设置画面

②设置图形中心坐标和绘图比例（倍率）。在工件长度和直径输入到系统中后，系统会自动计算图形的中心坐标和绘图比例（倍率），如图4-5-2所示，中心坐标表示工件坐标系原点在图形画面中的位置，绘图比例可以调整刀路在图形画面中显示的大小。

③显示图形画面。按下"向前扩展"按键 ，系统回到图形参数设置画面，再按下

"图形"功能软键,即可显示出图形坐标原点的位置,如图4-5-3所示。

④运行机床加工程序。按下"循环启动"按钮 ⬤,机床程序开始运行,在运行过程当中可以通过"进给倍率控制"旋钮(见图4-5-4)来控制程序的运行速度,同时图形画面会显示完整的刀具轨迹,虚线代表G00快速进给,实线代表切削时的按设定进给速度进给。仿真的刀具轨迹如图4-5-5所示。

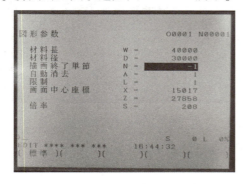

图4-5-2 输入工件长度和直径

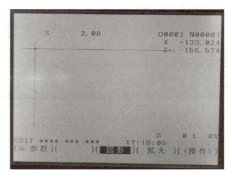

图4-5-3 图形显示界面

图4-5-4 进给倍率旋转刻度盘

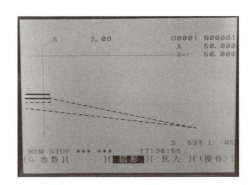

图4-5-5 刀具仿真轨迹

⑤图形中心坐标修改。通过加工程序运行可以看出,系统自动计算的刀具中心位置很多情况下并不能完全显示刀路,可以通过手动修改图形中心坐标和绘图比例来使刀路显示完全。一般可以将工件坐标系原点Z坐标轴调整到画面显示中心位置,为了显示出完整的刀路,调整中心坐标和绘图比例如图4-5-6所示,程序重新运行后刀路显示如图4-5-7所示。

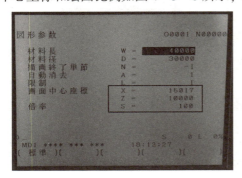

图4-5-6 图形中心坐标和绘图比例

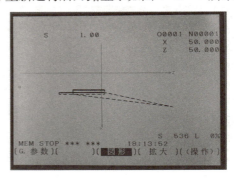

图4-5-7 调整后刀路显示

⑥图形清除。在图形显示界面按下"操作"功能软键,显示如图4-5-8所示画面,按下"清除""ERASE"功能软键,图形清除,如图4-5-9所示。

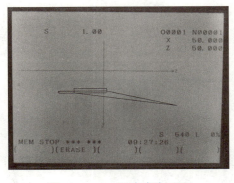 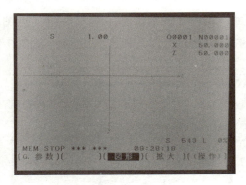

图4-5-8　刀路清除画面　　　　　　　　图4-5-9　刀路清除

⑦坐标位置修正。机床进行刀路仿真校验时机床坐标轴处于锁住状态,但是系统中坐标位置却在发生变化,故会出现刀具位置与系统坐标位置不符的情况,运行程序就会出现撞车现象,对于采用相对编码器的机床回参考点即可,对于采用绝对编码器的机床则需要进行位置修正,方法如下:按下"位置"按键 [POS],显示坐标画面(见图4-5-10),按下"操作"软键,再按下"功能"软键 [▶],出现坐标修正画面(见图4-5-11),按下"WRK-CD"功能软键,显示出如图4-5-12所示画面,按下"全轴"功能软键,坐标修正,如图4-5-13所示。

图4-5-10　绝对坐标画面　　　　　　　　图4-5-11　坐标修正画面(WRK-CD)

图4-5-12　坐标修正画面(全轴)　　　　　图4-5-13　坐标修正

4.5.2 程序单段运行校验

手工编写的程序相对比较简单,可以通过单段运行的方式进行试切校验,要求操作者对于程序读取比较熟练。操作方法如下:

(1) 按下"自动模式"按钮 , 机床进入加工状态。

(2) 按下"单段"按钮 , 机床进入单段运行模式。

(3) 将"进给倍率"控制旋钮旋转到零,机床启动后可以通过该旋钮控制刀具的进给速度,如图4-5-14所示。

(4) 按下"循环启动"按钮单步执行程序。

图4-5-14 [进给倍率]旋钮

任务4.6 数控车床零件自动加工

程序经过校验没有问题之后就可以进行零件加工了，一般零件的加工要经过粗加工、半精加工和精加工三个过程。粗加工采用较大的切削用量去除毛坯尺寸，以提高生产效率；半精加工为精加工做准备，目的是把粗加工后的残留加工面加工平滑，在工件加工面上留下比较均匀的加工余量，为精加工的高速切削加工提供最佳的加工条件，对于精度要求较高的零件，半精加工是很有必要的；精加工则采用高转速、慢进给、小吃刀来保证尺寸精度和表面粗糙度。

4.6.1 刀尖半径对加工精度的影响

车床所用刀具的刀尖都不具有尖点，而是具有一个微小圆弧的刀刃，如图4-6-1所示。一般数控车床上对刀时，对刀点设在假象刀尖点上，在实际加工过程中刀具与工件接触的切削点是圆弧刀刃与工件轮廓表面的切点。在车削外圆、端面时对于尺寸的精度并无误差产生，因为实际切削刃的运动轨迹与零件轮廓保持一致，但是在加工圆锥面时，就会出现欠切削以及过切削的现象，从而引起误差，使锥面加工精度无法达到要求，如图4-6-2所示。

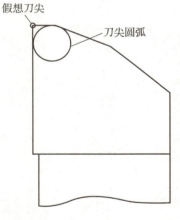

图4-6-1 假象刀尖

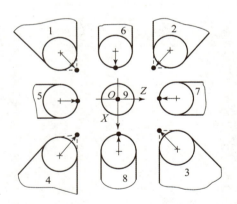

图4-6-2 前置刀架刀尖方位号

4.6.2 刀尖半径与刀尖方位的设置

1. 刀尖半径

在数控程序中可以通过刀具半径补偿指令（G41/G42）来调用刀尖半径，使工件在加工时避免产生欠切削和过切削的现象。刀尖圆弧半径一般取0.2～0.8 mm，粗加工时取0.8 mm，半精加工时取0.4 mm，精加工时取0.2 mm。

2. 刀尖方位号

刀尖方位就是指假想刀尖在刀具圆弧中心的方向与位置，比如对于常用的右偏刀来讲，

项目4 数控车床操作

外圆车刀的刀尖方位就在其圆弧中心的左上方,而内孔车刀的刀尖方位就在其圆弧中心的左下方。对于前置刀架的数控车床,其刀尖方位的表示方法如图4-6-2所示,其中数字1~9就表示了不同的刀尖方位号,也就表示了数控车床上不同刀具的刀尖方位。

3. 数控系统中刀尖半径与刀尖方位号的设定方法

按下"OFF/SET"按键，按下"补正"软键,显示刀具补正界面,再按下"形状"软键,显示工件系设定界面,如图4-6-3所示。通过光标移动键将光标移动到01号刀"R"位置,输入相应的圆弧半径,移动到"T"位置,输入对应刀具的刀尖方位号,如图4-6-4所示。

4.6.3 数控车床常用加工流程

1. 粗加工

在粗加工程序中一般都会通过程序留有相应的加工余量,所以粗加工时将粗加工程序输入到数控系统中,调用粗车刀按下"自动模式"按钮，再按下"循环启动"按钮，粗加工程序自动开始运行,直至运行完毕。

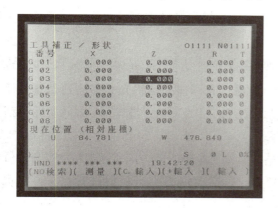

图4-6-3 工件系设定界面

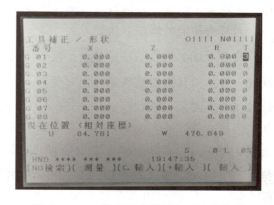

图4-6-4 设定刀尖半径与刀尖方位号

2. 半精加工

按下"OFF/SET"按键，按下"补正"软键,显示刀具补正界面,再按下"磨耗"软键,显示刀具磨损值修正界面,如图4-6-5所示,通过光标移动键将光标移动到刀具磨损位置(X方向),在缓冲区输入对应(01号)刀具X方向预留半精加工余量0.2 mm,如图4-6-6所示。若Z方向也需要预留半精加工余量,则将相应的余量值输入到对应刀具的"Z"磨损位置。若需要对刀尖半径值进行修正,则将如图4-6-4所示的刀尖半径修改为"0.4"。

将精工程序输入到数控系统中,按下"自动模式"按钮，再按下"循环启动"按钮，加工程序自动开始运行,直至运行完毕。

图4-6-5 输入X方向预留半精加工余量（直径值）

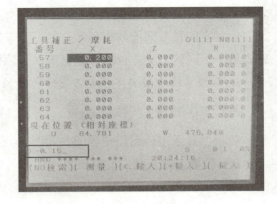

图4-6-6 输入X方向精加工吃刀量（直径值）

3. 精加工

一般来讲，对刀时采用千分尺测量的尺寸足够精确，精车后工件尺寸和程序设定尺寸相差无几。对于粗车刀，当刀尖磨钝后更换即可；对于半精车刀，当刀尖磨损后导致工件表面车削粗糙影响精车精度即可更换；对于精车刀，当刀尖磨损后通过补偿刀具磨损值的方法来保证工件加工精度，若通过修改磨损值也无法保证加工精度，则必须更换刀具。

刀具磨损值的修正方法如下：

按下"OFF/SET"按键，按下"补正"软键，显示刀具补正界面，再按下"磨耗"软键，显示刀具磨损值修正界面（见图4-6-6）。通过光标移动键将光标移动到刀具磨损位置（X方向），在缓冲区输入对应（01号）刀具X方向精加工吃刀量＝$-X$方向实际半精加工余量0.15 mm，如图4-6-7所示，再按下"＋输入"软键，得到理论X方向精加工余量0.05 mm（实际为0）。若Z方向也有尺寸精度，则将相应的Z方向实际半精加工余量值执行"＋输入"输入到对应刀具的"Z"磨损位置。若需要对刀尖半径值进行修正，则将图4-6-4所示的刀尖半径修改为"0.2"，并在刀具磨损界面对相应的刀尖半径进行修正。

修正后重新运行加工程序即可。

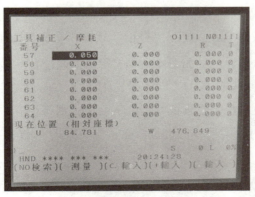

图4-6-7 理论X方向精加工余量

FANUC数控车床自动加工

任务 4.7　数控车床维护

数控车床是集机、电、液于一身的设备，为了充分发挥其产能，减少故障的发生，必须做好日常维护工作。本任务介绍数控车床数控系统日常维护的内容。

4.7.1　数控系统的维护

1. 严格遵守操作规程和日常维护制度

数控设备操作人员要严格遵守操作规程和日常维护制度，操作人员技术业务素质的优劣是影响故障发生频率的重要因素。当机床发生故障时，操作者要注意保留现场，并向维修人员如实说明出现故障前后的情况，以利于分析、诊断出故障的原因，及时排除。

2. 防止灰尘污物进入数控装置内部

在机加工车间的空气中一般都会有油雾、灰尘甚至金属粉末，一旦它们落在数控系统内的电路板或电子器件上，容易引起元器件间绝缘电阻下降，甚至导致元器件及电路板损坏。有的用户在夏天为了使数控系统能超负荷长期工作，常打开数控柜的门来散热，这是一种极不可取的方法，最终将导致数控系统的加速损坏，应该尽量少打开数控柜和强电柜门。

3. 防止系统过热

应该检查数控柜上的各个冷却风扇工作是否正常。每半年或每季度检查一次风道过滤器是否有堵塞现象，若过滤网上灰尘积聚过多，不及时清理，则会引起数控柜内温度过高。

4. 直流电动机电刷的定期检查和更换

直流电动机电刷的过度磨损会影响电动机的性能，甚至造成电动机损坏。为此，应对电动机电刷进行定期检查和更换。数控车床、数控铣床、加工中心等，应每年检查一次。

5. 定期检查和更换存储用电池

一般数控系统内对 CMOS、RAM 存储器件设有可充电电池维护电路，以保证系统不通电期间能保持其存储器的内容。在一般情况下，即使尚未失效，也应每年更换一次，以确保系统正常工作。电池的更换应在数控系统供电状态下进行，以防更换时 RAM 内信息丢失。

6. 备用电路板的维护

备用的印制电路板长期不用时，应定期装到数控系统中通电运行一段时间，以防损坏。

4.7.2　数控车床的日常维护内容

每班分若干小组，每组 6 人，完成日常维护，内容见表 4 - 7 - 1。

数控加工项目操作

表 4–7–1　数控铣床日常维护

小组		班级		
设备编号		设备名称		
序号	保养部位	保养内容	检查标准	工具耗材
1	切削液装置	清理箱内铁屑及杂物、污垢，更换切削液，检查冷却管路	切削液符合要求，无异味，无渗漏	切削液、水等
2	润滑系统	检查润滑泵工作情况、润滑油量、油质及管路有无渗漏	润滑泵压力正常、无异响，液面在油标的1/2～1/3处，无变色和渗漏现象	润滑油、油壶等
3	移动导轨	清理导轨滑动面上的刮屑板	无油泥、铁屑	毛刷、棉布等
4	气水分离器	擦净灰尘、污垢，清洁空气过滤器，分离器放水	气水分离器清洁，无灰尘、污垢，无过多积水	毛刷、棉布
5	防护装置	检查防护装置有无松动、损坏	防护装置无损坏、无松动	螺丝刀、内六角等
6	显示屏、面板	检查各轴限位、急停开关及显示屏是否异常	开关功能正常，显示屏显示	螺丝刀、内六角
7	电气系统	清理、擦拭电气柜散热风扇，检查连锁装置的可靠性	滤网无积尘、散热风扇无异响，连锁装置完好	气枪、毛刷
8	电动机	检查电动机冷却风扇是否正常，清理风扇滤网	风扇运转正常无异响、滤网无积尘	气枪、毛刷
9	丝杠	检查丝杠防护套，清理螺母、防尘板上的油污，涂润滑油	润滑良好	油壶、毛刷
10	主轴箱	检查主轴卡盘刀柄的夹紧、松刀情况	夹紧、松开正常到位	螺丝刀、万用表

234

续表

序号	保养部位	保养内容	检查标准	工具耗材
11	排屑器	清理铁屑，检查有无卡塞	无积屑和卡塞现象	毛刷、铲子、小车

FANUC Oi 数控车床保养与维护

项目5　数控铣床操作

项目导读

知识目标

1. 掌握数控铣床对刀原理；
2. 掌握数控铣床参考点和机床原点的意义；
3. 掌握数控铣床加工程序校验的操作要领；
4. 掌握数控铣床的三个坐标轴方向；
5. 掌握数控铣床的日常维护内容。

技能目标

1. 能操作数控铣床正常开关机和上下电；
2. 能操作数控铣床正常返回参考点；
3. 能使用数控铣床NC键盘输入数控加工程序；
4. 能正确操作数控铣床面板、校验程序。
5. 能正确显示刀路轨迹画面；
6. 能正确对编制的数控铣床程序进行自动加工；
7. 能对数控铣床进行日常维护。

素质目标

1. 具有团队协作精神和沟通能力；
2. 具有吃苦耐劳、锐意进取的敬业精神。

项目描述

数控铣床是数控机床的一种，具有X、Y、Z三个坐标轴，且能够实现三个坐标轴联动，是从普通铣床的基础之上发展起来的一种自动加工设备，世界上第一台成功研制的数控机床便是数控铣床。数控铣床与普通铣床两者的加工工艺基本相同，结构也有些相似。数控铣床有不带刀库和带刀库两大类,一般带刀库的称为数控加工中心,不带刀库的称为数控铣床。本项目将以配备 FANUC Series Oi – MC 系统的 KV650 数控铣床为载体,详细介绍在零件加工中数控铣床的操作过程。KV650 数控铣床如图 5 – 0 – 1 所示。

图 5 – 0 – 1　KV650 数控铣床

任务 5.1　数控铣床开关机及数控系统上下电

在数控铣床上装夹工件和刀具之前需要先对机床进行开机操作，在零件加工完成后对数控铣床进行关机操作，其操作顺序和步骤如下。

5.1.1　数控铣床开机操作

1. 开机

在机床背面有机床总电源开关，处于 OFF 状态为机床断电状态（见图 5-1-1），上推开关从 OFF 状态到 ON 状态（见图 5-1-2），完成机床开机操作。

图 5-1-1　机床总电源开关

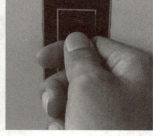

图 5-1-2　上推开关完成开机操作

2. 数控系统上电

在机床操作面板左侧面按下数控系统启动按钮（见图 5-1-3），数控系统处于上电状态（见图 5-1-4），几秒钟后数控系统上电完成，但机床处于急停报警状态（见图 5-1-5）。

图 5-1-3　数控系统上电操作

图 5-1-4　数控系统上电状态

图 5-1-5　数控系统上电完成

3. 解除急停报警

因为"急停"按钮是按下的状态，所以数控系统上电后会显示急停报警，此时向右旋转"急停"按钮（见图 5-1-6），"急停"按钮弹出后，报警状态自动解除（见图 5-1-7）。

项目5 数控铣床操作

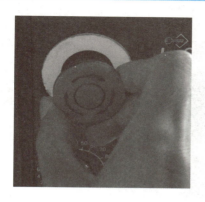

图5-1-6 解除急停操作

图5-1-7 报警解除状态

5.1.2 数控铣床关机操作

1. 按下"急停"按钮

按下"急停"按钮（见图5-1-8），系统进入急停报警状态（见图5-1-9）。

图5-1-8 按下急停按钮

图5-1-9 机床报警状态

2. 数控系统下电

在机床操作面板侧面按下数控系统关闭按钮（见图5-1-10），数控系统断电，显示器关闭（见图5-1-11）。

图5-1-10 关闭数控系统

图5-1-11 数控系统下电状态

239

3. 关机

将机床总电源开关由 ON 状态下拉至 OFF 状态，完成机床关机，如图 5-1-12 所示。

图 5-1-12　下拉机床总电源开关

FANUC 数控铣床开关机

项目5 数控铣床操作

任务5.2 数控铣床回参考点操作

在KV650数控铣床X、Y和Z轴的伺服电动机末端均安装有相对编码器，相对编码器无坐标位置记忆功能，掉电后坐标位置丢失，系统重新上电后需要对机床进行回参考点操作，为了防止机床回参考点过程中发生碰撞，应先回Z轴参考点，操作方法如下。

（1）按下"回零"按键 ，系统进入回参考点模式，如图5-2-1所示。

（2）将"进给倍率"旋钮旋转到合适位置，如图5-2-2所示。

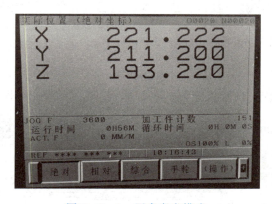
图5-2-1 回参考点模式

图5-2-2 进给倍率调节旋钮

（3）Z轴回参考点。按下Z轴控制按钮 Z ，再按下正方向按钮 + ，主轴开始沿Z轴正方向移动，当Z轴回零完成后停止运动，显示灯闪烁，表示Z轴回参考点完成。

（4）X轴回参考点。按下X轴控制按钮 X ，再按下正方向按钮 + ，工作台开始沿X轴正方向移动，当X轴回零完成后停止运动，显示灯闪烁，表示X轴回参考点完成。

（5）Y轴回参考点。按下Y轴控制按钮 Y ，再按下正方向按钮 + ，工作台开始沿Y轴正方向移动，当Y轴回零完成后停止运动，显示灯闪烁，表示Y轴回参考点完成。

FANUC数控铣床回参考点

任务 5.3　数控铣床加工程序输入操作

KV650 数控铣床目前主要支持手动输入、内存卡输入和在线输入（DNC）。

5.3.1　手动输入

具体输入方法和步骤如下。

1. 机床进入编辑模式

在机床控制面板按下"编辑模式"按钮 ▨，使系统进入编辑状态。在数控系统 NC 键盘中按下"程序"按键 ▨，系统进入程序界面，如图 5-3-1 所示。

2. 新建程序名

按下"功能"软键区的"列表"软键（见图 5-3-2），通过 NC 键盘输入程序名 Oxxxx，在显示器的缓冲区显示输入的程序名（见图 5-3-3），按下"插入"按键 ▨，进入程序编辑界面（见图 5-3-4）。

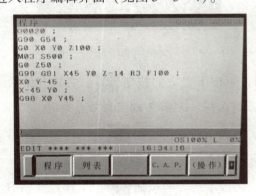

图 5-3-1　程序界面

图 5-3-2　按下"列表"软键

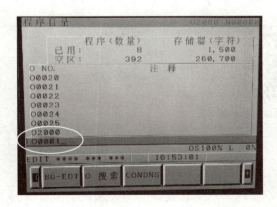

图 5-3-3　缓冲区输入 O0001

图 5-3-4　程序编辑界面

3. 手动输入加工程序

以表 5-3-1 所示的加工程序为例,每一行即每一个分号前面的代码为一个程序段,在输入程序时,每输入一个程序段进入缓冲区(见图 5-3-5)就需要按下 NC 键盘区的"插入"按键 ,直至最后输入完所有程序,如图 5-3-6 所示。

表 5-3-1 零件加工程序示例

程序	注释
O0001;	程序名
G90 G17 G21 G94 G49 G40;	绝对编程,XY 平面,公制编程,分钟进给,取消刀具长度补偿、取消半径补偿
G54;	调用工件坐标系 G54
M08;	冷却液开
M03 S500;	主轴正转 500 r/min
G00 X-50 Y-25;	刀具快速定位到 (X-50,Y-25)
Z2;	刀具快速定位到 Z2
G01 Z-2 F200;	刀具线性进给至 Z 轴 -2 mm 位置,进给量 200 mm/min
X0;	刀具线性进给至 X 轴 0 mm
G03 Y-25 J25 F200;	刀具顺时针走半圆弧
G01 X50 F200;	刀具线性进给 X 轴 -50 mm,进给量 200 mm/min
Z2;	刀具线性进给至 Z 轴 2 mm 位置
G00 Z100;	快速退刀
M09;	冷却液关
M05;	主轴停止
M30;	程序停止

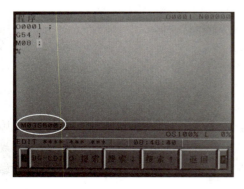
图 5-3-5 程序段输入到缓冲区

图 5-3-6 程序输入完毕

在零件输入过程当中，当键入到输入缓冲区的程序出现错误时按下"取消"键 取消输入（见图5-3-7），当由缓冲区已经键入到显示器中，程序出现错误时，通过光标按键将光标移动到需要删除的区域按下"删除"键 进行删除（见图5-3-8）；或者把正确的程序输入到缓冲区，按下"修改"键 进行修改（见图5-3-9）。

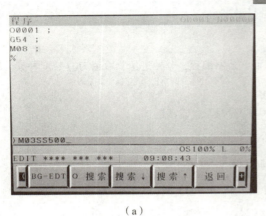
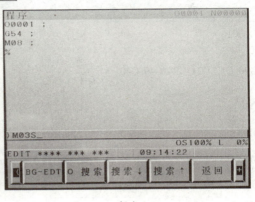

（a） （b）

图5-3-7 在缓冲区按取消键取消错误输入方法

(a) 缓冲区输入程序错误；(b) 错误取消

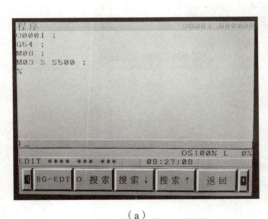
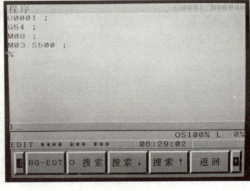

（a） （b）

图5-3-8 按"删除"键删除错误程序

(a) 程序输入出错；(b) 错误删除

5.3.2 内存卡输入

具体方法为：在电脑上新建.txt记事本文件，写入零件的加工程序（见图5-3-10），关闭记事本文件，将文件后缀名改为.nc即可，文件名称对应零件加工程序的命名规则（O0001~O9999）。另外通过CAM软件编写的零件加工程序，也可以通过内存卡的方式输入到机床中。

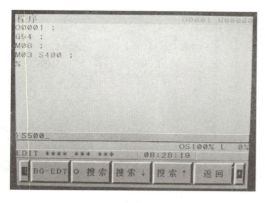
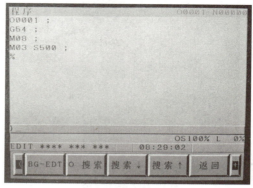

(a) (b)

图 5-3-9 利用修改键修改程序

(a) 输入正确程序代码到缓冲区；(b) 代码修改

机床与内存卡建立联系的方法如下：

(1) 修改 I/O 传输通道，设定 I/O CHANNEL =4 之后，机床就可以读取存储卡文件了。具体方法：

①在显示器左侧插入内存卡，按下"MDI"按键 ，机床进入 MDI 模式。

②按下"OFFSET"按键 ，显示偏置界面。

③按下"功能"软键区（显示器下方）的"设定"软键（见图 5-3-11），显示参数设定画面，通过光标移动键 ，将光标移动到 I/O 通道设定区域（见图 5-3-12）。

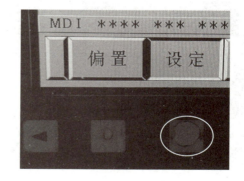

图 5-3-10 在电脑输入程序代码

图 5-3-11 按下设定软键

④在缓冲区输入"4"，按下"输入"按键 ，设定 I/O 通道 =4，如图 5-3-13 所示。

(2) 显示器显示存储卡中的程序。

具体方法如下：

①按下"EDIT"按键 ，机床进入编辑模式。

②按下"程序"按键 ，显示出程序界面。

245

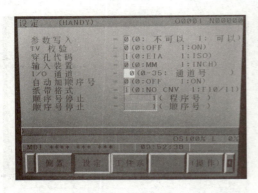
图5-3-12 光标移动到I/O通道设定区域

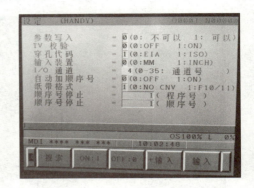
图5-3-13 设定I/O通道=4

③按下"功能"软键区的"向后扩展"按键▶。

④按下"功能"软键区的"卡"软键（见图5-3-14），显示器显示内存卡程序（见图5-3-15）。

图5-3-14 按下"功能"区"卡"软键

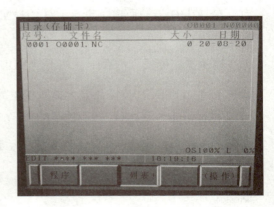
图5-3-15 显示内存卡程序

（3）程序从存储卡传输到机床中。

①按下"操作"功能软键（见图5-3-16），显示文件操作界面（见图5-3-17）。

图5-3-16 按下功能区"操作"软键

图5-3-17 文件操作界面

②按下"F读取"软键（见图5-3-18），读取存储卡程序，显示文件读取界面（见图5-3-19）。

图5-3-18　按下"F读取"软键

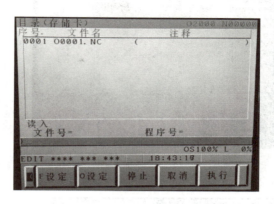

图5-3-19　文件读取界面

③设定要读取的文件序号，在缓冲区输入1，选择存储卡中的序号1程序，按下"F设定"软键，文件号变为1，如图5-3-20所示。

④设定传输到机床中的程序名，在缓冲区输入2，按下"O设定"软键，程序号变为2，如图5-3-21所示。

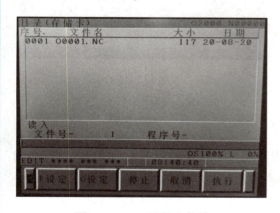

图5-3-20　选择文件号

图5-3-21　设定程序号（程序名）

⑤按下"执行"软键，将选中的程序读入到机床中，按下"程序"按键，显示器显示读入的程序，如图3-3-22所示。

（4）程序从机床传输到存储卡中。

①显示程序传出界面，在图5-3-22程序界面中按下"操作"软键，再按下"向后扩展"软键，显示程序传出界面，如图5-3-23所示。

②按下"传出"软键，显示执行界面（见图5-3-24），再按下"执行"软键，程序传入存储卡中，找到存储卡中的程序，可以看出文件名以程序名命名，如图5-3-25所示。

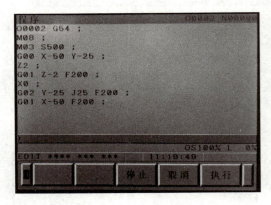

图 5-3-22 显示读入的程序

图 5-3-23 程序传出界面

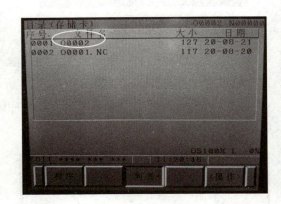

图 5-3-24 程序执行界面　　　　图 5-3-25 文件传入到存储卡

5.3.3　在线输入（DNC）

通过 CAM 软件生成的零件加工程序，也可以利用在线传输的方式进行传输，这种传输方式更加方便、快捷和高效。

1. 数控程序的在线传输

数控程序的在线传输适用于通过 RS-232C 串口线（见图 5-3-26）将程序传输至数控系统中，具体操作方法如下。

图 5-3-26　RS-232C 串口线

（1）将 RS-232C 的端口分别接入机床端与 PC 端，如图 5-3-27 所示。

(a)   (b)

图 5-3-27   RS-232C 串口连接

(a) 机床接入端；(b) PC 接入端

（2）修改 I/O 传输通道，设定 I/O CHANNEL = 0 之后，机床就建立了与 PC 之间的传输通道，如图 5-3-28 所示。

（3）机床端设定程序传输等待状态：在机床控制面板按下"编辑模式"按钮，使系统进入编辑状态 ▣ 。在数控系统 NC 键盘按下程序按键 ▣ ，系统进入程序界面（见图 5-3-29）。再按下"功能"软键区的"操作"软键，显示出程序传输操作界面（见图 5-3-30），再按下"向后扩展"软键 ▶ ，显示出程序传输读入与读出操作界面（见图 5-3-31），然后按下"读入"软键，显示出程序传输执行操作界面（见图 5-3-32），最后按下"执行"软键，机床进入程序传输等待状态（见图 5-3-33）。

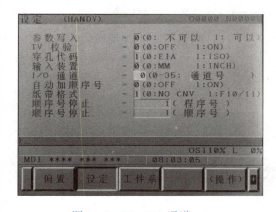
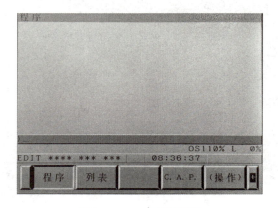

图 5-3-28   I/O 通道 = 0   图 5-3-29   程序界面

（4）PC 端设定程序传输参数（以常用传输软件 CIMCO Edit 为例）：运行程序传输软件之后，在传输菜单栏鼠标左键单击 DNC 设置选项（见图 5-3-34），进入程序传输设置默认界面（见图 5-3-35），再用鼠标左键单击设置 S 选项，进入传输参数界面（见图 5-3-36），在该界面选用相应的传输端口号，其他参数均选用默认参数即可。最后单击"确定"按钮，设置好程序传输参数。

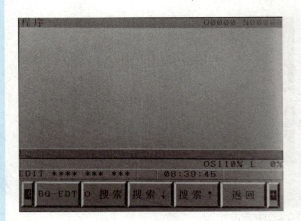

图 5-3-30 程序传输操作界面

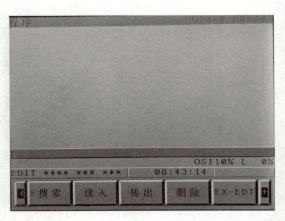

图 5-3-31 程序传输读入读出界面

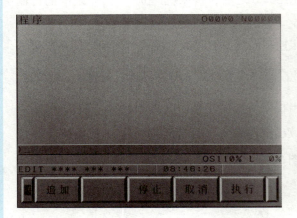

图 5-3-32 程序传输执行操作界面

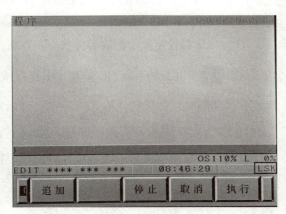

图 5-3-33 程序传输等待状态（LSK 闪烁）

图 5-3-34 程序传输 DNC 设置

图5-3-35 程序传输DNC设置默认界面

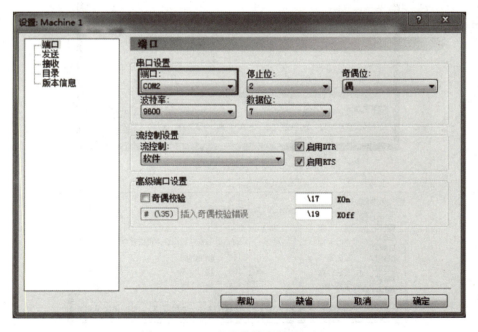

图5-3-36 程序传输参数设置界面

(5) 传输程序：在传输菜单栏鼠标左键单击发送文件选项（见图5-3-37），弹出文件选项对话框（见图5-3-38），选中要传输的文件，单击"打开"即可，程序进入传输状态（见图5-3-39），传输完成后机床显示出传输完成的程序（见图5-3-40）。

图 5-3-37　程序传输发送文件

图 5-3-38　文件选项对话框

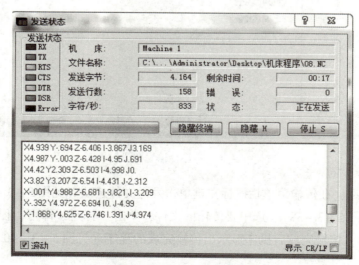

图 5-3-39　程序传输状态

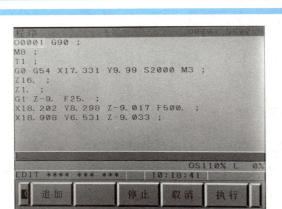

图 5-3-40　程序传输完成

2. 数控程序的在线加工

数控程序的在线加工就是数控程序通过外接 PC 在线传输程序，并且边传输、边加工，能够更快地提高编程与加工效率，具体操作方法如下。

在机床控制面板按下"在线加工模式"按钮 ，使系统进入在线加工状态，再按下"循环启动"按钮 ，机床进入在线加工等待状态。当按照数控程序在线传输的方式进行传输程序代码时，程序传入机床的瞬间机床就会立即进入加工状态。

FANUC 数控铣床程序输入与校验

任务 5.4　数控铣床对刀原理与操作

5.4.1　对刀目的与原理

通过数控车床对刀已经知道，对刀的目的就是建立工件坐标系，对刀的过程就是建立工件坐标系的过程。对于数控系统来说，操作者要做的就是把编程原点（工件坐标系原点）的机械坐标位置告知数控系统，数控铣床对刀过程中的所有操作都是在寻找工件坐标系原点位置，也就是 X、Y、Z 坐标轴零点的机械坐标值。

5.4.2　数控铣床对刀操作

数控铣床有 X、Y 和 Z 三个坐标轴，X 轴和 Y 轴可采用试切、偏心寻边器（见图 5-4-1）和光电寻边器（见图 5-4-2）三种方式进行对刀，Z 轴可采用试切以及标准芯棒（见图 5-4-3）对刀。

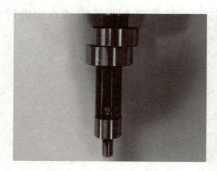
图 5-4-1　偏心寻边器

图 5-4-2　光电寻边器

图 5-4-3　Z 轴标准芯棒

其中，偏心寻边器和光电寻边器对刀方法都是从试切法衍生过来的，掌握了试切法对刀就基本掌握了另外两种对刀方法。另外需要注意的是，对于 Z 轴对刀设定工件标原点时，可以将其设在工件表面，也就是工件坐标系编程原点，还可以将其设在机床坐标 Z 轴原点，也就是将机床坐标 Z 轴原点与工件坐标 Z 轴原点重合，在刀偏中将刀具长度值设为机床坐标原点与工件表面的距离（对刀时的机械坐标），在加工时以刀具长度补偿调用（H 指令）的方式将工件坐标原点偏移至工件表面。

1. 试切法对刀

（1）在 MDI 模式下给定主轴转速。数控铣床第一次开机后一般可以通过程序来给定主轴转速，按下"MDI"按钮 ▣ 进入 MDI 模式，按下"程序"按键 ▣ 显示 MDI 程序界面，输入主轴正转指令（见图 5-4-4），按下"循环启动"按钮 ▣，主轴开始按照指定转速正转。

项目5 数控铣床操作

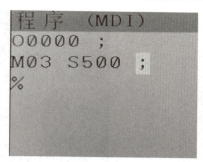

FANUC 数控铣床
对刀操作

图 5-4-4　主轴正转程序

(2) 手轮模式下 X 方向对刀。在手轮模式下移动刀具，通过试切工件左侧表面，将相对坐标系中 X 轴相对坐标归零，然后再试切工件右侧表面，此时查看相对坐标系中 X 轴相对坐标值，移动刀具，当 X 相对坐标值变为原始值的 1/2 时，刀具在 X 方向处于工件中心位置，即为 X 方向工件原点位置，最后将刀具处于 X 方向工件中心的位置输入到 G54～G59 中。具体方法及步骤如下：

①试切工件左端面：单击"手轮模式"按钮 ，选择"手持单元选择"按钮 ，将手摇脉冲发生器"倍率"旋钮旋转到"×100"倍率 ，通过"轴选"旋钮 和摇动手轮（见图 5-4-5）使刀具接近工件左侧表面（见图 5-4-6），然后将"倍率"旋钮旋转到"×10"倍率 、轴选旋钮旋转到"X"位置 ，缓慢摇动手轮使刀具轻轻切削左侧表面（见图 5-4-7），然后将"轴选"旋钮 旋转到"Z"位置，摇动手轮向上退出刀具（见图 5-4-8）。

 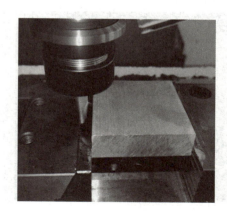

图 5-4-5　手轮　　　　　　　图 5-4-6　刀具接近工件左侧表面

②将机床 X 相对坐标归零：按下"位置"按键 ，显示出机床相对坐标界面（见图 5-4-9），再按下"综合"软键（见图 5-4-10），将屏幕切换至机床坐标界面（见图 5-4-11），在缓冲区输入 X 值（见图 5-4-12），此时机床上相对坐标系中 X 坐标闪烁，单击"归零"软键（见图 5-4-13），将 X 相对坐标归零（见图 5-4-14）。

图5-4-7 刀具切削工件左侧表面

图5-4-8 Z方向退出刀具

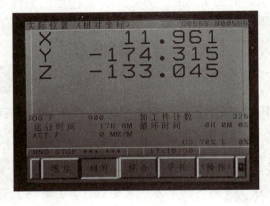

图5-4-9 机床相对坐标界面

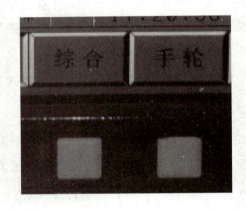

图5-4-10 按下"综合"软键

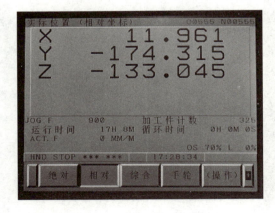

图5-4-11 机床综合坐标界面

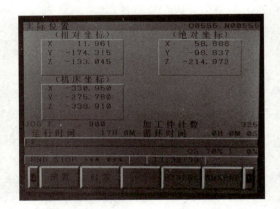

图5-4-12 缓冲区输入X值

③试切工件右端面：与试切工件左端面类似，刀具快速接近工件后（见图5-4-15），将"倍率"旋钮旋转到"×10"倍率 ，"轴选"旋钮旋转到"X"位置 ，缓慢摇动手轮使刀具轻轻切削右侧表面（见图5-4-16），然后将"轴选"旋钮旋转到"Z"位置 ，摇动手轮向上退出刀具（见图5-4-17）。

项目5 数控铣床操作

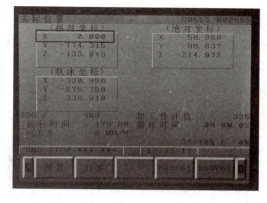

图5-4-13 按下"归零"软键　　　　　图5-4-14 X相对坐标"归零"软键

图5-4-15 刀具接近工件右侧表面　　　图5-4-16 刀具切削工件右侧表面

④将刀具移至工件 X 方向中心位置：查看显示界面机床相对坐标系中 X 坐标值（见图5-4-18），将"轴旋"旋钮旋转到"X"位置 ▇，切换"倍率选择"旋钮，摇动手轮使刀具沿 X 负方向移动，直至相对坐标 X 显示为原来值的1/2（见图5-4-19），此时刀具位置即为工件 X 方向原点位置（见图5-4-20）。

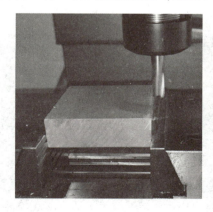

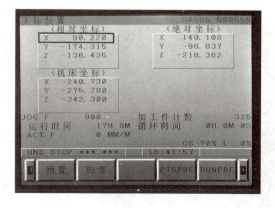

图5-4-17 Z方向退出刀具　　　　　　图5-4-18 刀具处于工件右侧表面时
　　　　　　　　　　　　　　　　　　　　　　 X 相对坐标值

⑤记录工件 X 方向原点位置的机床坐标：单击"偏置"按键 ![icon]，显示出如图 5-4-21 所示界面，再按下"工件系"软键（见图 5-4-22），显示工件系设定界面，光标移至 G54 工件系，在缓冲区输入"X0"（见图 5-4-23），单击"测量"软键（见图 5-4-24），此时 G54 工件系 X 坐标值显示的即为刀具 X 方向原点位置的机床坐标（见图 5-4-25）。

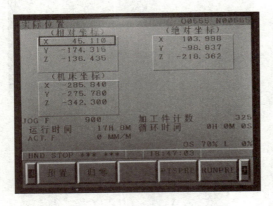

图 5-4-19 X 相对坐标值为
原来值的二分之一

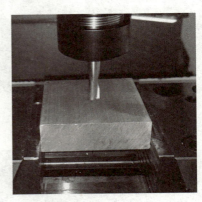

图 5-4-20 刀具 X 方向处于原点位置

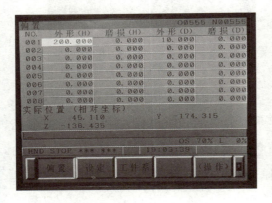

图 5-4-21 偏置设定界面

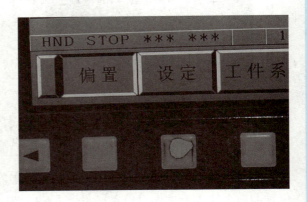

图 5-4-22 按下"工件系"软键

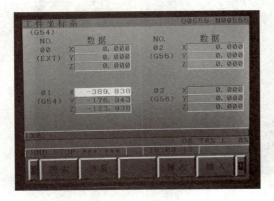

图 5-4-23 缓冲区输入"X0"

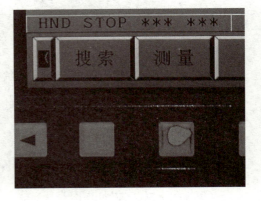

图 5-4-24 按下"测量"软键

(3) 手轮模式下 Y 方向对刀。Y 方向对刀与 X 方向对刀操作方法基本相同，在手轮模式下移动刀具，通过试切工件前侧表面（见图 5-4-26），将相对坐标系中 Y 轴相对坐标归零（见图 5-4-27），然后再试切工件后侧表面（见图 5-4-28），此时查看相对坐标系中 Y 轴相对坐标值（见图 5-4-29），移动刀具，当 Y 相对坐标值变为原始值的 1/2 时（见图 5-4-30），刀具在 Y 方向处于工件中心位置（见图 5-4-31），即为 Y 方向工件原点位置。最后将刀具处于 Y 方向工件中心的位置输入到 G54~G59 中（见图 5-4-32）。

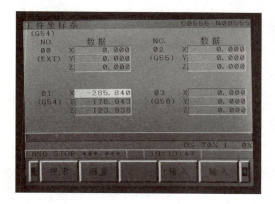

图 5-4-25　X 机床坐标输入到 G54 中

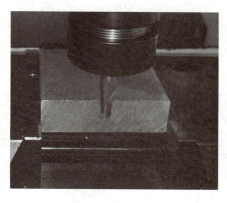

图 5-4-26　试切工件前侧表面

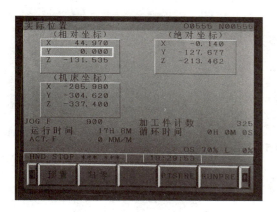

图 5-4-27　Y 轴相对坐标归零

图 5-4-28　试切工件后侧表面

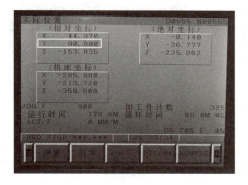

图 5-4-29　查看 Y 轴相对坐标值

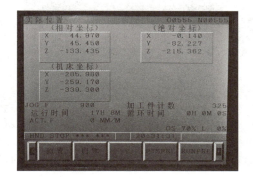

图 5-4-30　刀具处于工件中心位置

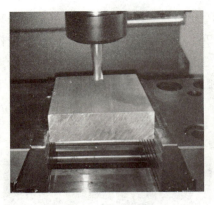
图 5-4-31　刀具处于工件中心位置

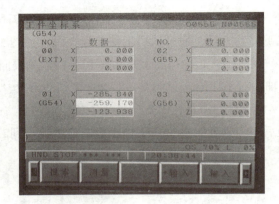
图 5-4-32　Y 轴机床坐标输入到 G54 中

(4) 手轮模式下 Z 方向对刀。在手轮模式下移动刀具，试切工件上表面，然后 X 方向退出刀具，此时刀具在 Z 方向处于工件原点位置。最后将刀具处于 Z 方向工件中心的位置输入到 G54～G59 中。具体方法及步骤如下：

①试切工件上表面：按下"手轮模式"按钮 ，按"手持单元选择"按钮，将手摇脉冲发生器"倍率"旋钮旋转到"×100"倍率，通过"轴选"旋钮和摇动手轮使刀具接近工件上表面（见图 5-4-33），然后将"倍率"旋钮旋转到"×10"倍率，将"轴选"旋钮旋转到"Z"位置，缓慢摇动手轮使刀具轻轻切削上表面（见图 5-4-34），然后将"轴选"旋钮旋转到"X"位置，摇动手轮沿 X 方向退出刀具（见图 5-4-35）。

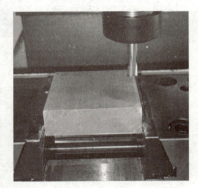
图 5-4-33　刀具接近工件上表面

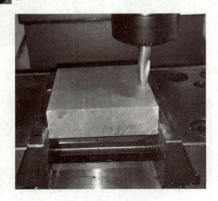
图 5-4-34　刀具切削工件上表面

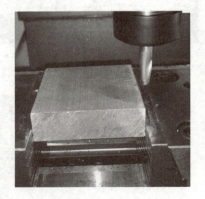
图 5-4-35　沿 X 方向退出刀具

②记录工件 Z 方向原点位置的机床坐标：单击"偏置"按键，显示出刀具偏置设定界面（见图 5-4-36），再按下"工件系"软键（见图 5-4-37），显示工件系设定界

面，光标移至 G54 工件系，在缓冲区输入"Z0"（见图 5-4-38），单击"测量"软键（见图 5-4-39），此时 G54 工件系 Z 坐标值显示的即为刀具 Z 方向原点位置的机床坐标（图 5-4-40）。

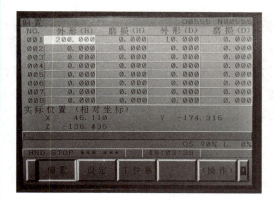

图 5-4-36 偏置设定界面

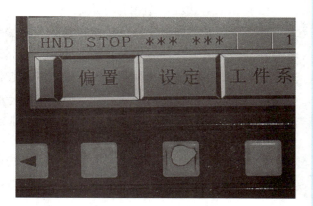

图 5-4-37 按下"工件系"软键

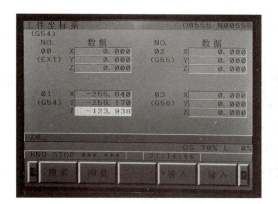

图 5-4-38 缓冲区输入"Z0"

图 5-4-39 按下"测量"软键

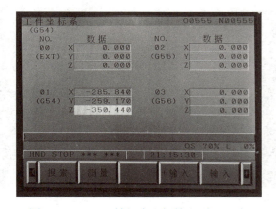

图 5-4-40 Z 轴机床坐标输入到 G54 中

2. 偏心寻边器对刀

偏心寻边器是利用偏心原理进行 X 和 Y 方向对刀，优点在于不会在工件表面产生刀痕，整个对刀过程与试切法 X、Y 轴对刀过程相同，可参考试切法对刀过程。

(1) 偏心寻边器的结构与寻边原理。

偏心寻边器由夹持部分、拉紧弹簧以及测量部分组成（见图 5-4-41），在使用时一般将偏心寻边器的夹持部分装入主轴刀柄，测量部分有两个用于与工件表面接触的圆柱面，用于寻找工件侧边，在寻边时，使用手轮控制偏心寻边器测量部分的圆柱面接近工件表面，当圆柱面接触到工件表面后，偏心部分逐渐与夹持部分保持同心转动，随着手轮转动，当再次出现偏心的瞬间停止摇动手轮，此时即认为完成寻边过程。

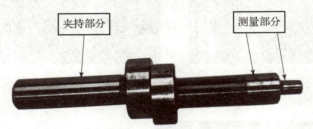

图 5-4-41 偏心寻边器组成

(2) 偏心寻边器的使用方法。

将带有偏心寻边器的刀柄装入主轴（见图 5-4-42）；手指轻触偏心部分，使其偏心（见图 5-4-43）；给定主轴转速 400~700 r/min（见图 5-4-44）；手轮模式下转动手轮，使偏心部分缓慢靠近工件一侧表面（见图 5-4-45），接触后将"倍率"调为"×10"或"×1"，继续旋转手轮使偏心部分与夹持部分同心转动（见图 5-4-46）；继续缓慢转动手轮，当测头出现偏心的瞬间（见图 5-4-47）停止转动；向上退出刀具（见图 5-4-48），将相对坐标归零（见图 5-4-49），寻另一侧边（见图 5-4-50）。

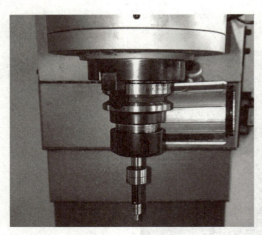

图 5-4-42 偏心寻边器装入主轴

图 5-4-43 使偏心部分偏心

图 5-4-44　给定主轴转速 400～70 r/min

图 5-4-45　寻边器靠近工件左侧表面

图 5-4-46　寻边器同心

图 5-4-47　寻边器再次出现偏心瞬间

图 5-4-48　Z 方向退出刀具

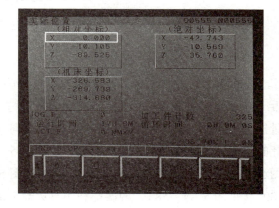

图 5-4-49　归零相对坐标

图 5-4-50 寻另一侧边

3. 光电寻边器对刀

光电寻边器是利用工件导电性原理，用于 X 和 Y 方向对刀，对刀时无须转动主轴，优点在于不会在工件表面产生刀痕，整个对刀过程与试切法 X、Y 轴对刀过程相同，可参考试切法的对刀过程。

（1）光电寻边器的结构与寻边原理。

光电寻边器由球测头、柄部、LED 灯、蜂鸣器等部件组成，如图 5-4-51 所示。在寻边器内部装有电池，对刀时若球测头与工件表面接触，即形成电流回路，寻边器会发出声、光信号，寻边完成。

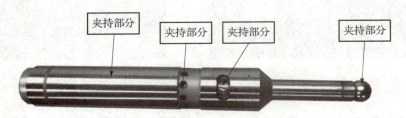

图 5-4-51 光电寻边器结构组成

（2）光电寻边器的使用方法。

将带有光电寻边器的刀柄装入主轴（见图 5-4-52）；手轮模式下摇动手轮使寻边器靠近工件一侧平面（见图 5-4-53），调慢进给（倍率选择"×10"或"×1"），按脉冲步进量摇动手轮，当 LED 灯亮起或听见蜂鸣声时（见图 5-4-54），说明寻边器与侧面接触，此时将 X 轴相对坐标归零（见图 5-4-55），反方向退出后（防止损伤巡边器）（见图 5-4-56）再进行 Z 方向抬刀操作（见图 5-4-57），寻另一侧边时，需将寻边器转动 180°（见图 5-4-58），两次都利用寻边器上的同一点与侧边接触，提高对刀精度。

图 5-4-52　光电寻边器装入主轴

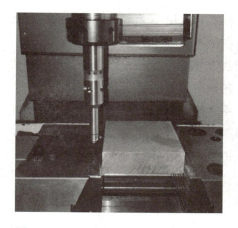

图 5-4-53　光电寻边器靠近左侧平面

图 5-4-54　光电寻边器接触左侧平面

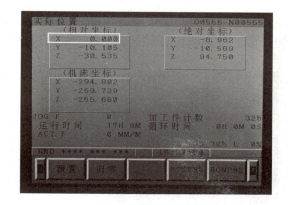

图 5-4-55　X 轴相对坐标归零

图 5-4-56　寻边器沿 X 反方向退出

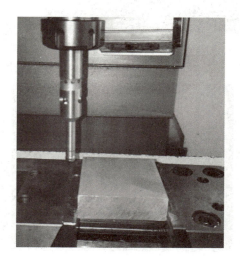

图 5-4-57　寻边器沿 Z 方向退出

4. Z轴标准芯棒对刀

标准芯棒用于Z方向对刀，对刀时无须转动主轴，优点在于不会在工件表面产生刀痕，整个对刀过程与试切法Z轴对刀过程相似，可参考试切法对刀过程。

芯棒对刀方法如下：

手轮模式下摇动手轮（"倍率"旋转至"×100"）使刀具平面接近工件上表面（见图5-4-59），接近后调慢进给（"倍率"选择"×10"或"×1"），同时使芯棒在刀具和工件来回移动，当刚好芯棒不能自由移动时，停止进给（见图5-4-60），由于芯棒直径为标准φ10 mm，此时刀具位于工件表面10 mm位置。在记录刀具的工件坐标Z坐标时，光标移至G54 Z坐标位置，输入刀具中心在工件坐标系原点上方10 mm位置的Z坐标值，即Z10（见图5-4-61），单击"测量"软键，完成Z轴对刀（见图5-4-62）。

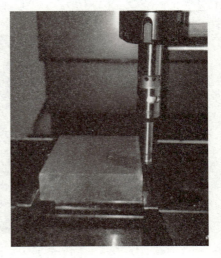

图5-4-58 寻边器旋转180°后接触右侧平面寻另一侧边

图5-4-59 刀具接近工件上表面

图5-4-60 芯棒在刀具和工件之间移动

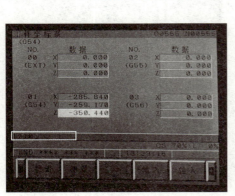

图5-4-61 缓冲区输入"Z10"

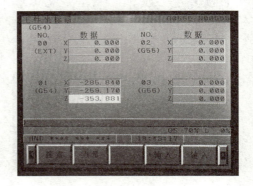

图5-4-62 Z机床坐标输入到G54中

项目5 数控铣床操作

任务5.5 数控铣床零件加工程序校验

一般情况下零件加工程序输入到数控系统中,通过对刀操作完成工件坐标系设定之后,就可以对零件加工程序进行校验了。程序校验可以是图形仿真的方式,也可以是程序单段运行方式。图形仿真模拟方式可以检查程序运行过程中刀具轨迹正确与否;单段运行方式则依靠人工逐段检查程序代码的正确性,检查当前程序段无误后按一次"循环启动"按钮,程序只执行当前程序段,然后再检查下一段程序,检查无误后再按下"循环启动"按钮执行,直到程序执行完毕。单段运行多用于首件试切过程中程序边执行、边人工校验。

5.5.1 程序图形仿真校验

以表5-5-1所示的加工程序为例,编辑模式下将程序完整的输入到数控系统,通过手动和手轮模式完成工件坐标系设定,就可以进行图形仿真校验了。具体操作如下:

(1) 按下"自动模式"按钮 ，机床进入加工状态。

(2) 按下"机床锁住"按钮 ，在程序运行过程中各个进给轴锁住不动,防止仿真过程中撞刀,但在显示器中可以显示刀具位置的变化。

(3) 按下"空运行"按钮 ，所有的F进给指令失效,机床全部以G00设定速度运行,这样可以提高图形仿真过程中的运行速度。

(4) 图形显示设置。

①设置图形参数。按下"图形"按键 ，显示图形参数设置画面(见图5-5-1),可以设定绘图平面(绘图区)、绘图范围和绘图比例等,一般只设定绘图平面和绘图比例就可以了。绘图平面可以设定 P 值为 $0~5$,分别代表 XY 平面、YZ 平面、ZY 平面、XZ 平面、XYZ 平面和 ZXY 平面,绘图比例可以设定图形显示的大小。

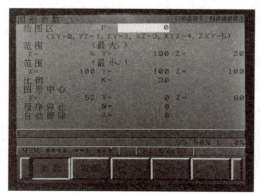

图5-5-1 图形显示画面

②设置图形平面和绘图比例。

输入方法为:用光标键移动到所需设置的参数处,在缓冲区输入相应的数据,然后按"输入"按键 ,如图 5-5-2 所示。

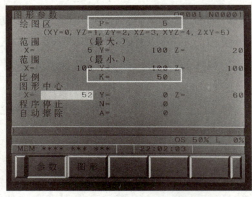

图 5-5-2 设定绘图平面和绘图比例

③显示图形画面。按下"图形"软键(见图 5-5-3),显示出如图 5-5-4 所示图形画面。

图 5-5-3 按下"图形"功能软键

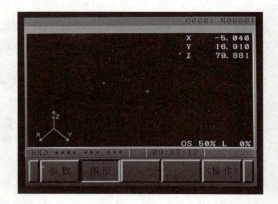

图 5-5-4 图形显示界面

④运行机床加工程序。按下"循环启动"按钮 ,机床程序开始运行,在运行过程中,可以通过"进给倍率"控制旋钮(见图 5-5-5)来控制程序的运行速度,同时图形画面会显示完整的刀具轨迹,虚线代表 G00 快速进给,实线代表切削时的按设定进给速度进给。仿真的刀具轨迹如图 5-5-6 所示。

⑤图形显示比例修改。通过加工程序运行可以看出,在设定图形比例过小时,图形显示界面显示的刀具轨迹会出现显示不清的情况,可以放大显示比例(见图 5-5-7),程序重新运行后刀路显示如图 5-5-8 所示。

项目5 数控铣床操作

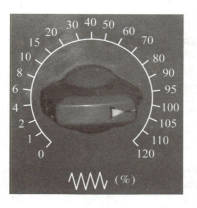

图5-5-5 进给倍率控制旋钮

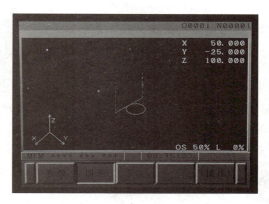

图5-5-6 刀具仿真轨迹

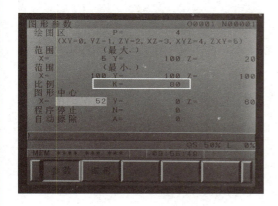

图5-5-7 修改绘图比例

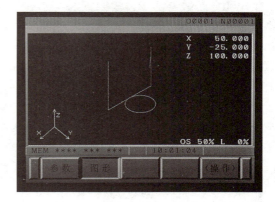

图5-5-8 调整后刀路显示

⑥图形清除。在图形显示界面按下"操作"功能软键,显示如图5-5-9所示画面,按下"擦除"功能软键,图形清除,如图5-5-10所示。

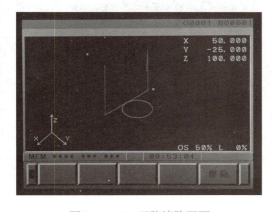

图5-5-9 刀路清除画面

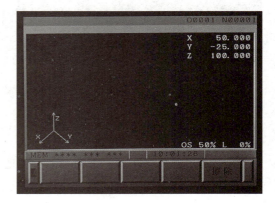

图5-5-10 刀路擦除

⑦坐标位置修正。机床进行刀路仿真校验时机床坐标轴处于锁住状态,但是系统中坐标位置却在发生变化,即会出现刀具位置与系统坐标位置不符的情况,运行程序就会出现撞刀

现象，对于采用相对编码器的可以采用机床回参考点的方式进行修正，也可以采用机床坐标位置修正的方法进行修正，修正方法如下：

按下"位置"按键 ⊞，显示坐标画面（见图 5-5-11），按下"操作"软键，再按下"向后扩展"软键 ▶，出现坐标修正画面（见图 5-5-12），按下"WRK-CD"功能软键，显示出如图 5-5-13 所示画面，按下"所有轴"功能软键，坐标修正，如图 5-5-14 所示。

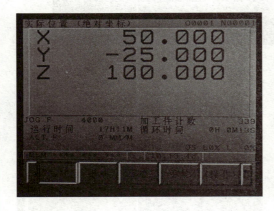

图 5-5-11　绝对坐标画面

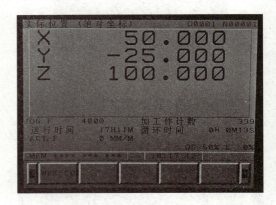

图 5-5-12　坐标修正画面（WRK-CD）

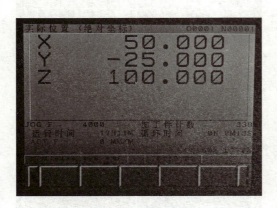

图 5-5-13　坐标修正画面（所有轴）

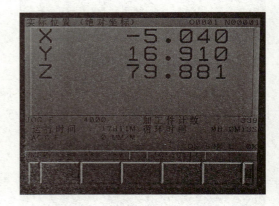

图 5-5-14　坐标修正

5.5.2　程序单段运行校验

手工编写的程序相对比较简单，可以通过单段运行的方式边加工、边进行试切校验，要求操作者对于程序读取比较熟练。操作方法如下：

(1) 按下"自动模式"按钮 ⇨，机床进入加工状态。

(2) 按下"单段运行"按钮 ▣，机床进入单段运行模式。

(3) 将"进给倍率"控制旋钮旋转到零（见图 5-5-15），机床启动后可以通过该旋钮控制刀具的进给速度。

（4）按下"循环启动"按钮单步执行程序。

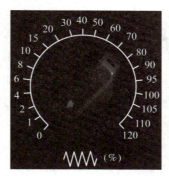

图 5–5–15　进给倍率控制旋钮调至零

任务 5.6　数控铣床零件自动加工

程序经过校验没有问题之后就可以进行零件加工了，一般零件的加工过程要经过粗加工、半精加工和精加工三个过程。粗加工采用较大的切削用量去除毛坯尺寸，以提高生产效率；半精加工为精加工做准备，目的是把粗加工后的残留加工面加工平滑，在工件加工面上留下比较均匀的加工余量，为精加工的高速切削加工提供最佳的加工条件，对于精度要求较高的零件，半精加工是很有必要的；精加工则采用高转速、慢进给、小吃刀来保证尺寸精度和表面粗糙度。

一般数控铣床加工程序包含两种形式，一种是按刀位点编程，另外一种是按图纸零件轮廓尺寸编程。

按刀位点编程也就是按刀具端面中心点移动轨迹编程，加工时通过修改程序中 X、Y 和 Z 方向的坐标值来保证加工精度，这种编程适合加工一些简单的轮廓，比如铣削面、槽等。对于一些复杂轮廓编程，需要预先根据图纸零件轮廓尺寸计算出刀具的实际移动轨迹。精加工程序编制较为复杂，适合自动编程。

按图纸中零件轮廓进行编程，编程时需要引入刀具半径补偿（见图 5-6-1），这种编程适合手工编写一些较为复杂轮廓的零件，而且精加工时只需要修正刀具长度和半径方向的磨损值（见图 5-6-2），同一个程序通过修改刀具长度和半径方向的磨损值就可以实现半精加工程序和精加工程序之间的切换，适合手工编程，操作十分方便。

图 5-6-1　程序调用刀具长度和刀具半径补偿

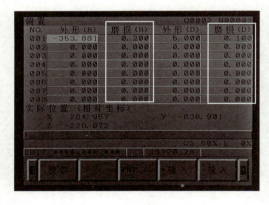

图 5-6-2　刀具偏置表

5.6.1　粗加工

将按图纸中零件轮廓进行编程的粗加工程序输入到数控系统中，按下"OFS/SET"按键 ，显示刀具偏置界面，通过光标移动键将光标移动到对应刀号的磨损（H）位置，在缓冲区输入 Z 方向粗加工余量 0.5 mm（一般为正值），如图 5-6-3 所示，再按下"输入"软键,系统会将 Z 方向粗加工余量储存到对应刀号的磨损(H)中,如图 5-6-4 所示。

图 5-6-3 缓冲区输入 Z 方向粗加工余量

图 5-6-4 Z 方向预留粗加工余量

通过光标移动键将光标移动到对应刀号的磨损(D)位置,在缓冲区输入刀具半径(X,Y)方向粗加工余量(一般为正值),如图 5-6-5 所示,再按下"输入"软键,系统会将 Z 方向粗加工余量储存到对应刀号的磨损(D)中(见图 5-6-6)。

按下"自动模式"按钮，再按下"循环启动"按钮，粗加工程序自动开始运行,直至运行完毕。

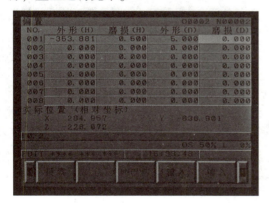

图 5-6-5 缓冲区输入半径(X,Y)
方向粗加工余量

图 5-6-6 半径(X,Y)方向预留
粗加工余量

5.6.2 半精加工

按下"OFS/SET"按键，按下"偏置"软键,显示刀具偏置界面,通过光标移动键将光标移动到对应刀号的磨损(H)位置,在缓冲区输入 Z 方向半精加工吃刀量 = -(Z 方向实际粗加工余量 0.4 mm - 预留半精加工余量 0.2 mm),如图 5-6-7,再按下"+输入"软键,得到 Z 方向理论半精加工余量 0.3 mm(实际为 0.2 mm),如图 5-6-8 所示。

图 5-6-7 缓冲区输入 Z 方向半精加工吃刀量

图 5-6-8 Z 方向理论半精加工余量

通过光标移动键将光标移动到对应刀号的磨损（D）位置，在缓冲区输入半径方向半精加工吃刀量 = -（半径方向实际粗加工余量 0.15 mm - 预留半精加工余量 0.1 mm），如图 5-6-9 所示，再按下"+输入"软键，得到半径（X，Y）方向理论半精加工余量 0.15 mm（实际为 0.1 mm），如图 5-6-10 所示。

图 5-6-9 缓冲区输入半径方向半精加工吃刀量

图 5-6-10 修正后的半径方向理论半精加工余量

将精加工程序输入到数控系统中，按下"自动模式"按钮，再按下"循环启动"按钮，加工程序自动开始运行，直至运行完毕。

5.6.3 精加工

按下"OFS/SET"按键，显示刀具偏置界面，通过光标移动键将光标移动到对应刀号的磨损（H）位置，在缓冲区输入 Z 方向精加工吃刀量 = -Z 方向实际半精加工余量 0.2 mm，如图 5-6-11 所示，再按下"+输入"软键，得到 Z 方向理论精加工余量 0.1 mm（实际为 0），如图 5-6-12 所示。

图 5-6-11 缓冲区输入 Z 方向精加工吃刀量

图 5-6-12 修正后的理论 Z 方向精加工余量

通过光标移动键将光标移动到对应刀号的磨损（D）位置，在缓冲区输入半径方向精加工吃刀量 = -半径方向实际半精加工余量 0.1 mm，如图 5-6-13 所示，再按下"+输入"软键，得到修正后的理论半径方向半精加工余量 0.05 mm（实际为 0），如图 5-6-14 所示。

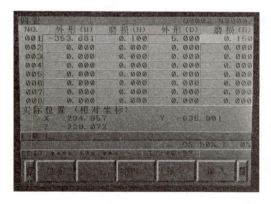

图 5-6-13 缓冲区输入半径方向精加工吃刀量

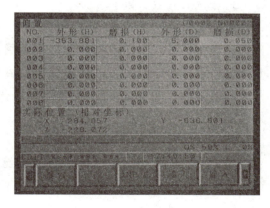

图 5-6-14 理论半径方向精加工余量

修正后重新运行精加工程序即可。

FANUC 数控铣床自动加工

任务 5.7　数控铣床维护

数控铣床按主轴安装位置分为卧式和立式数控铣床，按控制方式分为开环、半闭环和全闭环数控铣床，按性能参数分为经济型、中档和高档数控铣床。数控铣床类型不同，维护内容也有所不同，此任务主要是对数控铣床的机械维护进行描述。

5.7.1　数控铣床机械维护

1. 主传动链的维护

定期调整主轴驱动带的松紧程度，防止因带打滑造成丢转现象；检查主轴润滑的恒温油箱，调节温度范围，及时补充油量，并清洗过滤器；主轴中刀具夹紧装置长时间使用后会产生间隙，影响刀具的夹紧，需及时调整液压缸活塞的位移量。

2. 滚珠丝杠螺纹副的维护

定期检查、调整丝杠螺纹副的轴向间隙，保证反向传动精度和轴向刚度；定期检查丝杠与床身的连接是否有松动；丝杠防护装置有损坏要及时更换，以防灰尘或切屑进入。

3. 刀库及换刀机械手的维护

严禁把超重、超长的刀具装入刀库，以免机械手换刀时掉刀或刀具与工件、夹具发生碰撞；经常检查刀库的回零位置是否正确，检查机床主轴回换刀点位置是否到位，并及时调整；开机时，应使刀库和机械手空运行，检查各部分工作是否正常，特别是各行程开关和电磁阀能否正常动作；检查刀具在机械手上锁紧是否可靠，发现不正常应及时处理。

4. 液压、气压系统维护

定期对各润滑、液压、气压系统的过滤器或分滤网进行清洗或更换；定期对液压系统进行油质化验检查，添加和更换液压油；定期对气压系统分水滤气器放水。

5. 机床精度的维护

定期进行机床水平和机械精度检查并校正。机械精度的校正方法有软、硬两种，其软方法主要是通过系统参数补偿，如丝杠反向间隙补偿、各坐标定位精度定点补偿、机床回参考点位置校正等；硬方法一般要在机床大修时进行，如进行导轨修刮、滚珠丝杠螺母副预紧调整反向间隙等。

5.7.2　数控铣床的日常维护

每班分若干小组，每组 6 人，完成日常维护，内容见表 5 – 7 – 1。

表 5-7-1　数控铣床日常维护

小组		班级	
设备编号		设备名称	
序号	维护部位	维护内容	维护标准	工具耗材
---	---	---	---	---
1	电器照明系统	检查开关、按钮外观	无损坏、无污垢	棉布
2		检查显示器	正常显示	
3		检查照明灯	亮度正常	
4	液压系统	检查液压油量、油质	液压油位在正常范围内	液压油
5		清洁散热器滤网	无灰尘、污垢	毛刷、棉布
6		电动机及油泵转向正常	与电动机壳箭头方向一致	螺丝刀
7	润滑系统	润滑油量合适	油位在上下刻线之间	润滑油
8		压力指示正常	指针在绿色范围	
9	气压系统	压力表	0.5 MPa 左右	
10	刀具	刀具清洁	无灰尘、油污	棉布
11		刀柄防锈处理	是否涂油、生锈	防锈油
12	排屑器	清理铁屑，检查有无卡塞	无积屑和卡塞现象	毛刷、铲子、小车
13		电动机运转	方向与箭头符合，无异响	
14	主轴	主轴锥孔清洁、涂油	无灰尘	棉布
15	6S	机床外身、周围环境、机床工装及附件整理、清洁、注油和紧固	无污渍、无灰尘、无松动	棉布、清洁工具、清洁液

FANUC 数控铣床保养与维护